耐蚀低合金结构钢

李晓刚 著

北 京

冶金工业出版社

2018

内 容 提 要

本书对低合金结构钢的腐蚀环境和腐蚀类型进行了深入的分析，建立了系列化低合金结构钢腐蚀试验与评价技术，对低合金结构钢在微纳米尺度上的腐蚀组织结构的起源基本问题进行了探讨，提出了在不影响低合金结构钢强韧性、焊接性和其他性能前提下，提高其耐蚀性能的微合金化、组织调控和表面调控的基本原则。

本书可供金属材料领域的科研人员、设计人员、生产人员和使用单位学习参考。

图书在版编目(CIP)数据

耐蚀低合金结构钢／李晓刚著．—北京：冶金工业出版社，2018.9
ISBN 978-7-5024-7880-3

Ⅰ.①耐⋯　Ⅱ.①李⋯　Ⅲ.①耐蚀钢—低合金钢—结构钢　Ⅳ.①TG142.71

中国版本图书馆 CIP 数据核字 (2018) 第 217339 号

出 版 人　谭学余
地　　　址　北京市东城区嵩祝院北巷 39 号　邮编　100009　电话　(010)64027926
网　　　址　www.cnmip.com.cn　电子信箱　yjcbs@cnmip.com.cn
责任编辑　刘小峰　曾　媛　美术编辑　彭子赫　版式设计　孙跃红
责任校对　李　娜　责任印制　李玉山
ISBN 978-7-5024-7880-3
冶金工业出版社出版发行；各地新华书店经销；三河市双峰印刷装订有限公司印刷
2018 年 9 月第 1 版，2018 年 9 月第 1 次印刷
169mm×239mm；12.5 印张；4 彩页；251 千字；184 页
99.00 元
冶金工业出版社　投稿电话　(010)64027932　投稿信箱　tougao@cnmip.com.cn
冶金工业出版社营销中心　电话　(010)64044283　传真　(010)64027893
冶金书店　地址　北京市东四西大街 46 号(100010)　电话　(010)65289081(兼传真)
冶金工业出版社天猫旗舰店　yjgycbs.tmall.com
(本书如有印装质量问题，本社营销中心负责退换)

前　言

　　低合金结构钢是在碳素结构钢的基础上，通过加入少量合金元素（通常≤5%），并经过热轧、控轧控冷或热处理工艺，使其具有高强度、高韧性、较好的焊接性、成型性和耐腐蚀性等性能的一大类钢种。这类钢材主要用于制造桥梁、船舶、车辆、石油平台、锅炉、高压容器、化工容器、管道、重型机械、大型钢结构和基础设施等。低合金结构钢的生产工艺以及水平，是一个国家钢铁材料水平的重要标志，在一定程度上显示了国家综合竞争实力的高低。

　　低合金结构钢性能特点：（1）高强度：一般屈服强度在 300MPa 以上。（2）高塑性和韧性：要求延伸率为 15%～20%，室温冲击韧性大于 $600\sim800kJ/m^2$。对于大型焊接构件，还要求有较高的断裂韧性。（3）良好的焊接性能和冷成型性能。（4）低的冷脆转变温度。（5）良好的耐蚀性。

　　1867～1874 年，美国开始发展含铬结构钢，这是低合金结构钢概念和品种开始萌芽的阶段；1902～1906 年，借助于发展含铬结构钢的经验，美国开始发展含镍结构钢，并逐渐发展成为新品种和新体系；1915 年，美国开始发展以含锰、低碳（≤0.1%）和低硫（≤0.015%）为主要特征的低合金钢，以进一步提高低合金钢的性能。近几十年来，通过进一步降低碳含量、微合金化和控制轧制，发展了一系列新型低合金高强度结构钢，主要有以下四种：微合金化低碳高强度钢、低碳贝氏体型钢、低碳索氏体型钢、针状铁素体贝氏体型钢。在美国，这类钢被称为高强度低合金钢（HSLA）；俄罗斯及东欧各国称其为低合金建筑钢；日本命名为高张力钢。国内最初是把它划入普通结构钢范围，概念上的模糊导致了产品质量差异。在名称上几经变化，如低合金建筑钢、普通低合金钢、低合金结构钢，至 1994 年叫做低合金高强度结构钢（GB/T 1591—94）。到目前为止，低合金结构钢的名称仍然未完全标准化。国家标准 GB/T 1591—2001 中规定，我国的低合金结构钢分为 8 个强度等级：Q355、Q390、Q420、Q460、Q500、Q550、Q620、Q690，质量上分为 B、C、D、E、F 等级。

　　我国于 1957 年在鞍钢试制成功第一炉低合金钢 16Mn，随后研制出 16Mn 系列的桥梁、船舶、锅炉、压力容器、汽车用低合金结构钢。1966 年，低合金钢产量为 141 万吨，占钢产量的 8%；1979 年，低合金钢产量为 254 万吨，仍占钢产量的 8%。目前我国钢材年产量已达 8 亿吨以上，钢材数量不再是需求的主要矛盾，钢材品种结构不合理成为矛盾的焦点。行业的主要任务是提高产品市场竞争力，拓展低合金钢品种。我国低合金结构钢强度级别低、成分波动大、杂质多、性能不稳定，在国际竞争中处于劣势，导致我国每年大量进口高品质低合金高强度钢。近年来，不少普碳钢企业意识到高品质低合金结构钢生产是提高产品技术含量和附加值的关键，特别是有关高纯净、细晶化"超级钢"概念的提出与基础研究的推动，使企业的设备、工艺和产品有了长足的发展，低合金结构钢在技术、数量、质量上有了很大提高，竞争力显著增强。

　　大型海洋石油平台、跨海大桥、南海岛礁建设、奥运场馆、中央电视台新址结构、上海世博会展馆、水坝电站、超高层建筑等国家重大工程，对低合金结构钢提出了新的需求和要求。大型高层钢结构建筑受力复杂，其服役环境越来越严酷，例如高温、高湿、高盐雾、高辐照的海洋环境，要求结构安全可靠，能够抵抗突发灾害（如水、火、地震、风暴等），尤其是深海探测、极地建筑、大型 LNG 船等要求更高。因此，其用材除了有足够的屈服强度和抗拉强度外，首当其冲是要求其具有高耐蚀性，还要求具有低的屈强比、较强抗低温能力、良好的冷变形能力和高的塑性变形功，以防止局部超载失稳的情况下发生瞬间断裂。因此，发展低成本、轻量化、高性能的低合金高强度结构钢，是提高产品竞争力的必由之路，也是我国由钢铁大国向钢铁强国转变的重要步骤。

低合金高强度钢的合金化原理主要是利用合金元素产生的固溶强化、细晶强化、相变强化以及沉淀强化来提高钢的强度，同时利用细晶化使钢的韧脆转化温度降低效应，来抵消钢中碳氮化物析出强化使钢韧脆转变温度升高的不利影响，使钢在获得高强度的同时又能保持较好的综合性能。近年以控制轧制技术和微合金化冶金学为基础，开发了许多低合金高强度钢新品种，主要发展方向有以下几个方面：

（1）低碳、超低碳和高纯净化。现代的工艺技术已非常先进，采用顶底复吹转炉冶炼，钢的碳含量可控制在 0.02% ~ 0.03%，精炼技术的应用可生产出 C 0.002% ~ 0.003%、S + P < 0.001%、H < 2ppm 和 O < 10ppm 的洁净钢。

（2）复合微合金化钢。Nb 微合金化钢、Nb - V 和 Nb - Ti 复合微合金钢几乎占有近 20 年来新开发微合金化钢全部牌号的 75% 和微合金化钢总产量的 60%。微量 Ti（≤0.015%）的作用十分有益，Ti 的微处理不仅可改变钢中硫化物的形态，而且 TiO_2 或 Ti_2O_3 颗粒还成为奥氏体晶内铁素体晶粒生核的质点。近 10 年来开发了高温塑性连铸钢、大线能量焊接无裂纹钢、深冲冷成型钢、烘烤硬化钢、抗硫化氢应力腐蚀钢、无时效倾向桥梁钢、低屈强比抗震钢等一系列钢材新品种，在低合金结构钢的性能提升方面获得了极大的进步。

（3）控制轧制和控制冷却。在再结晶控轧的基础上，应变诱导相变和析出的非再结晶控轧以及两相区形变，已成为控轧厚钢板生产主要方向。薄板坯连铸连轧流程和薄带连铸工艺的实用化，使低合金钢生产进入了又一个新境界。热机械处理（TMCP），即通过轧制冷却过程中对合金化合物的溶解与析出，奥氏体的形变、再结晶及其亚结构形成，奥氏体的分解及 α 相形核长大过程等的控制，实现对组织的优化与性能的提升。由此把控制轧制归纳为高温再结晶控轧和正常化控轧两类，基于对再结晶的延缓力和再结晶驱动力的微合金化设计和由形变诱导机制进行的合金化设计，构成了 TMCP 工艺物理冶金的核心技术。

（4）超细晶粒化和计算机控制以及性能预报。通过加大轧制变形、铁素体的应变诱导析出、低温轧制和选择合适的冷却速度，可得到细化的铁素体晶粒，从而大大提高钢的强度。晶粒细化和碳氮化物析出是微合金化钢强韧化的基础。

近 20 年来，我国低合金结构钢的高纯净细晶化理论研究取得了长足的进步，由此带动了低合金结构钢生产设备、工艺和品种的快速发展，强韧性得到明显提升。然而，由于缺乏对其耐蚀性能及调控理论的研究，较差的耐蚀性导致其综合性能与世界一流水平尚有一定差距。如近年来美国的主流海工钢中厚板通过合金化和微观组织调整，生产的高性能钢（high performance steel，HPS）强度已超过 700MPa，强韧性、焊接性与耐蚀性兼具，已大量投入到海洋建设中，其屈服强度也正向 1000MPa 发展。我国海洋工程低合金结构钢发展较慢，主流中厚板钢种强度刚刚达到 690MPa，并向 780MPa 发展，但其焊接性与耐蚀性都较差，与国外海洋耐蚀钢相比仍存在巨大差距。翁宇庆院士 2013 年曾指出，目前面对海洋服役环境下钢材对耐蚀性的要求，我国还没有能全面达标的品种。虽然新型高性能结构钢的开发通过低碳含量（≤0.08%），采用 TMCP、调质、析出强化或采用加速冷却或直接淬火工艺等先进冶金生产工艺后，钢材的强度、焊接性能、低温韧性、抗脆断性能、高温蠕变性能、疲劳性能以及持久强度等方面都较普通钢材得到较大改善，但其耐蚀性仍然是制约耐蚀结构钢品质提升的瓶颈。

低合金结构钢构件主要在大气、海水、土壤、微生物等自然环境中服役，也可能在盐、碱、H_2S 和其他工业环境中工作。低合金结构钢在以上实际环境中会发生化学、电化学、物理并兼有应力的作用而导致腐蚀破坏，常表现为均匀腐蚀、电偶腐蚀、点蚀、缝隙腐蚀、晶间腐蚀、应力腐蚀或腐蚀疲劳、微生物腐蚀等腐蚀类型。对腐蚀环境和腐蚀类型与微纳米结构之间关系研究的缺乏，是发展高品质耐蚀结构钢的另一个障碍。

本书在大量最新腐蚀机理与规律试验研究成果的基础上，对低合金结构钢的腐蚀环境和腐蚀类型进行了深入的分析，建立了系列化低合金结构钢腐蚀试验与评价技术，对低合金结构钢在微纳米尺度上的腐蚀组织结构起源机理进行了探讨，提出了在不影响低合金结构钢强韧性、焊接性和其他性能前提下，提高其耐蚀性能的微合金化、组织调控和表面调控的基本原则，目的是为发展我国高品质耐蚀低合金钢新品种提供更加坚实的试验与评价技术和理论研究基础，催生具有我国特色的高品质耐蚀低合金钢的牌号标准，推动高品质耐蚀低合金钢的产业化进程。

本书是著者领导的"材料腐蚀与防护"研究团队在"耐蚀低合金结构钢基础研究与品种开发"研究方向上阶段性成果的总结，是一百余位科技工作者集体智慧的结晶。我们愿将系统的研究成果回馈社会，尤其是为"耐蚀低合金结构钢"研究、设计、生产和使用单位或个人提供参考，以推进我国耐蚀低合金结构钢的升级换代，提升我国用材水平。

本书可能存在各种错误和缺陷，若读者发现，请及时赐教与指正。

本书涉及的系列科研工作是在国家科技部、国家自然科学基金委员会、南京钢铁股份有限公司、鞍山钢铁集团有限公司、首钢集团有限公司等单位的资助下完成的，在此一并致谢！特别感谢国家科技部"973"项目"海洋工程装备材料腐蚀与防护关键技术基础研究"的支持，著者作为该项目的首席科学家，直接领导和参加了"耐蚀低合金结构钢基础研究与品种开发"具体研究工作，产生了本书的成果。

国家材料环境腐蚀平台的同事们对该项研究给予了大力支持；北

京科技大学新材料技术研究院的程学群教授、刘智勇副教授、黄运华教授是本研究方向的主要负责人；杜翠薇教授、董超芳教授、肖葵研究员、张达威教授、吴俊升教授、高瑾研究员、卢琳副教授、马宏驰讲师、刘超博士、王力伟博士、赵天亮博士、郝文魁博士、宋义全博士、梁平博士等提供了大量的试验结果；裴梓博博士、孙美慧博士、贾静焕博士、杨颖博士、吴伟博士、杨小佳博士等参加了部分工作；南钢研究院的吴年春高工、尹雨群教授级高工；鞍钢研究院的任子平教授级高工、王长顺高工、武裕民工程师、陈义庆教授级高工；首钢集团有限公司的杨建炜高工等一线科技人员对本工作给予了直接支持，在此一并致谢！

师昌绪院士、肖纪美院士、柯伟院士、侯保荣院士、薛群基院士、王海舟院士、翁宇庆院士、谢建新院士和毛新平院士等长期给予了大力支持与帮助，在此深表感谢！

李晓刚

2018 年 9 月

目　　录

1 低合金结构钢的腐蚀环境与腐蚀类型

腐蚀的定义是指材料在特定环境中，与环境交互作用，发生了化学或电化学反应使其性能下降的过程。任何材料，特别是金属材料或钢铁材料，都是在特定的环境下使用。材料若在非设计允许的环境条件下使用，必将发生过快过早的腐蚀破坏，轻则造成经济损失，重则导致重大环境污染和人员伤亡事故。

据统计，低合金结构钢一半以上都是在自然环境（大气、土壤和水环境）中服役的，另外一部分是在工业酸、碱、盐环境或高温高压环境下使用，还有极少部分是在极端严酷环境下使用，如南海高温高湿高盐雾高辐射海洋大气环境、超过300m以下的深海环境、太空辐射环境、南北极的极地环境，以及干热沙漠环境等，低合金结构钢的服役环境极其复杂。研究表明，低合金结构钢在具体环境下的腐蚀类型也是多样化的，这就导致了低合金结构钢品种必须复杂化。对低合金结构钢的腐蚀环境和腐蚀类型正确而全面的认识，是发展高品质低合金结构钢的首要关键问题。本章在大量试验研究积累的基础上，对低合金结构钢的腐蚀环境和腐蚀类型进行了讨论，力图为发展高品质低合金结构钢新品种奠定环境研究基础。

1.1 自然腐蚀环境

1.1.1 大气腐蚀环境

大气腐蚀环境占总腐蚀环境的一半以上。按表面的潮湿度，大气腐蚀可以分成三类：

（1）干大气腐蚀。表面存在不连续液膜层时，在生成氧化物反应自由能为负的金属表面形成极薄的不可见氧化膜，如铁的氧化膜厚度约为30nm。

（2）潮大气腐蚀。当金属表面存在肉眼看不见的薄液膜层时发生的腐蚀，如铁在没有被雨雪淋到时的生锈。

（3）湿大气腐蚀。当空气湿度接近100%，或当水分以雨、雪、泡沫等形式落在金属表面上时，金属表面存在着用肉眼可见的凝结水膜层时所发生的腐蚀。

按地区条件和大气特征，可分为农村大气、海洋大气、城郊大气、工业大气等。

大气腐蚀的主要环境影响因素包括：

（1）湿度。湿度越大，金属表面结露越容易，电解液膜存在的时间也越长，腐蚀速度增加。各种金属都有一个腐蚀速度开始急剧增加的湿度范围，腐蚀速度开始急剧增加的大气相对湿度称为临界湿度，钢铁、铜、镍、锌等金属的临界湿度在50%～70%之间。

（2）温度。在其他条件相同时，平均气温高的地区，大气腐蚀速度较大。

（3）降雨量。雨水沾湿金属表面，冲刷破坏腐蚀产物保护层，加速腐蚀。据调查，钢的大气腐蚀量有一半是雨雪直接腐蚀造成的。但雨水能把原来附着在金属表面上的灰尘、盐粒或锈层中易溶于水的腐蚀性物质冲洗掉，这样在某种程度上减缓了腐蚀。

（4）大气成分。在大气的基本组成外，大气污染物质，如硫化物、氮化物、CO、CO_2 等，来自自然界如海水的氯化钠以及其他固体颗粒尘埃，对金属大气腐蚀影响较大。

（5）异常气候条件的影响。如酸雨条件下，Fe、Zn、Cu、Pb 等金属的耐蚀性大幅降低。

总之，各种大气环境因素的作用是错综复杂的，金属材料在具体大气环境条件下的腐蚀行为需要通过长期的现场试验来确定。通常的大气环境的腐蚀性分级见表1-1。

表1-1　以不同金属暴露第一年的腐蚀速率进行环境腐蚀性分级

腐蚀类型	金属的腐蚀速率				
	单位	碳钢	锌	铜	铝
C1（很低）	g/(m²·a)	<10	<0.7	<0.9	<0.2
	μm/a	<1.3	<0.1	<0.2	
C2(低)	g/(m²·a)	10～200	0.7～5	0.9～5	0.6～1.3
	μm/a	1.3～25	0.1～0.7	0.1～0.6	
C3(中)	g/(m²·a)	200～400	5～15	5～12	0.6～1.3
	μm/a	25～50	0.7～2.1	0.6～1.3	
C4(高)	g/(m²·a)	400～650	15～30	12～25	
	μm/a	50～80	2.1～4.2	1.3～2.8	
C5(很高)	g/(m²·a)	650～1500	30～60	25～50	
	μm/a	80～200	4.2～8.4	2.8～5.6	

1.1.2　土壤腐蚀环境

土壤由各种颗粒状的矿物质、水分、气体及微生物等多相组成，具有生物活性、离子导电性和毛细管胶体特性，是一种特殊的电解质，可能诱发金属不均匀的全面腐蚀和严重的局部腐蚀。杂散电流和微生物也会影响土壤腐蚀。

土壤腐蚀和其他介质的电化学腐蚀过程一样，都是因金属和介质的电化学不均一性形成的腐蚀原电池作用所致。同时，由于土壤介质具有多相性、不均匀性和相对稳定性等特点，土壤环境造成的金属腐蚀具有自身独特的腐蚀机理与动力学发展过程，如土壤的宏观不均一性所引起的腐蚀宏电池，往往在土壤腐蚀中起着更大的作用。

土壤介质的不均一性主要是由于土壤透气性不同引起的。在不同透气条件下，氧的渗透速度变化幅度很大，强烈影响和不同区域土壤相接触的金属各部分的电位，这是促使建立氧浓差腐蚀电池的基本因素。土壤的 pH 值、盐含量等性质的变化也会造成腐蚀宏电池。长距离管道难免要穿越各种不同条件的土壤，形成有别于其他介质情况的长距离腐蚀宏电池。在土壤中起作用的腐蚀宏电池有下列类型：（1）长距离腐蚀宏电池。埋设于地下的长距离金属构件通过组成、结构不同的土壤时形成长距离宏电池。（2）土壤的局部不均一性所引起的腐蚀宏电池。土壤中石块的透气性比土壤本体差，使得该区域金属成为腐蚀宏电池的阳极，和土壤本体区域接触的金属就成为阴极。（3）埋设深度不同及边缘效应所引起的腐蚀宏电池。埋设深度的不同，造成氧浓差腐蚀电池。由于氧更容易到达电极的边缘，在同一水平面上金属构件的边缘就成为阴极，比成为阳极的构件中央部分腐蚀要轻微得多，地下大型储罐常会出现这类腐蚀情况。（4）金属所处状态的差异引起的腐蚀宏电池。土壤中异种金属的接触、温差、应力及金属表面状态的不同，也能形成腐蚀宏电池，造成局部腐蚀，如新旧管道连接埋于土壤中形成的腐蚀电池。

影响土壤腐蚀的环境因素主要包括：

（1）孔隙度（透气性）。较大的孔隙度有利于氧渗透和水分传输，而这都是腐蚀初始发生的促进因素。透气性有两方面的作用：透气性良好一般会加速微电池作用的腐蚀过程，但是透气性太大，易在金属表面生成具有保护能力的腐蚀产物层，阻碍金属的阳极溶解，使腐蚀速度减慢下来。当形成腐蚀宏电池时，由于氧浓差电池的作用，透气性差的区域将成为阳极而发生严重腐蚀。当透气性不良的土壤中存在微生物活动时，由于厌氧微生物的作用而产生严重的微生物腐蚀。

（2）土壤温度。温度越高，腐蚀速度越大。

（3）土壤含水量。当土壤水含量很高时（水饱和度大于80%），氧的扩散渗透受到阻碍，腐蚀减小；随着水含量的减少，氧的去极化变易，腐蚀速度增加；当水含量下降到约 10% 以下，阳极极化和土壤电阻率加大，腐蚀速度又急速降低。

（4）pH 值。随着土壤酸度增高，土壤腐蚀性增加。当在土壤中含有大量有机酸时，其 pH 值虽然接近于中性，但其腐蚀性仍然很强。

（5）电阻率。一般来说，土壤电阻率越小，土壤腐蚀越严重，可以把土壤电阻率作为评价土壤腐蚀性的参数。有些场合偶尔呈现土壤电阻率大腐蚀性也大。

（6）可溶性离子（盐）。土壤中一般含有硫酸盐、硝酸盐和氯化物等无机盐类。在土壤电解质中的阳离子一般是钾、钠、钙、镁等离子；阴离子是碳酸根、氯和硫酸根离子。土壤中盐含量大，土壤的电导率也增加，增加土壤的腐蚀性。

（7）土壤的氧化还原电位。土壤的氧化还原电位和土壤电阻率一样，也可以作为判断土壤腐蚀性的主要指标，一般认为在 $-200\mathrm{mV}$（$vs.$ SHE）以下的厌氧条件下腐蚀激烈，易受到硫酸盐还原菌的作用。

（8）微生物。微生物致腐蚀（MIC）是由于微生物的存在和活动和（或）它们的代谢物的作用而产生腐蚀。细菌、真菌和其他微生物在土壤腐蚀中起着重要作用，腐蚀机理复杂。已经发现，在土壤中由于微生物的作用会导致较大的腐蚀速率。

（9）杂散电流。杂散电流是指由原定的正常电路漏失而流入它处的电流，如电气化铁道、电解及电镀槽、电焊机、电化学保护装置、大地磁场的扰动等。在很多情况下，杂散电流流过地下金属设施时，可导致严重的腐蚀破坏。

各种土壤环境因素对腐蚀的作用是错综复杂的，金属材料在具体土壤环境条件下的腐蚀行为与机理需要通过长期的现场试验来确定。通常的土壤环境腐蚀是均匀腐蚀和点蚀同时产生，分级必须采用均匀腐蚀和点蚀双因素同时评价，见表1-2。

表 1-2　碳钢土壤腐蚀性分级标准

腐蚀等级	I（弱）	II（较弱）	III（中）	IV（较强）	V（强）
腐蚀速率/g·(dm²·a)⁻¹	<2.0	2.0~7.5	7.5~37.5	37.5~75.0	>75.0
最大腐蚀深度/mm·a⁻¹	<0.06	0.06~0.20	0.20~0.50	0.50~1.0	>1.0

1.1.3　自然水腐蚀环境

水环境腐蚀一般包括淡水腐蚀、盐湖水腐蚀和海水腐蚀，其中淡水一般指河水、湖水、地下水等含盐量少的天然水。与海水相比，淡水的含盐量低，水质条件多变，淡水腐蚀受水质环境因素的影响较大。通常把湖泊水体的含盐度不小于 $50\mathrm{g/L}$ 的卤水湖或有自析盐沉积的那些湖泊才定义为盐湖，主要盐类是由钠、钾、镁、钙、氯、硫酸根、碳酸根和重碳酸氢根 8 种离子组成，在水中离子含量占比极大，一般采用上述 8 种常量元素的总和来计算湖水含盐量。

地球表面 70.9% 是海洋，金属材料在海洋中的腐蚀相当严重，海洋腐蚀的损失约占总腐蚀损失的 1/3。近年来海洋开发受到普遍重视，各种海上运输工具与舰船、海上采油平台、开采和水下输送大量增加，海洋腐蚀问题也更为突出。海水是一种成分很复杂的天然电解质，除含有大量盐类以外，还含有溶解氧、二氧化碳、海洋生物和腐败的有机物，具有高的含盐量、导电性、腐蚀性和生物活性。海水中含有大量的氯化钠为主的盐类，常把海水近似看作 3.5% 的 NaCl 溶液。随地理位置、海洋深度、昼夜季节等的不同，海水温度在 0 ~ 35℃ 之间变化。海水中 pH 值通常为 8.1 ~ 8.3，但局部区域其变化很大。海水中的氧含量是海水腐蚀的主要因素，在海面正常情况下，海水表面层（1 ~ 10m）被空气（主要考虑氧气和二氧化碳）饱和，是常温、有一定流速的腐蚀性电解质溶液。

海洋环境是世界上最复杂的自然环境腐蚀体系，可将海洋环境区域分类为海洋大气区、飞溅区、潮汐区、全浸区和海泥区。根据海水的深度不同，全浸区又可分为浅水、大陆架和深海区。海洋大气区是指海面飞溅区以上的大气区和沿海大气区，大量的碳钢、低合金钢在这一环境下使用并造成了严重的腐蚀，特别是接近赤道的高温、高湿、高盐雾、高辐射的海洋环境下，我国目前尚无长寿命耐蚀低合金钢种；也缺乏极地严寒环境下的低合金钢种。飞溅区是指平均高潮线以上海浪飞溅润湿的区段。由于此处海水与空气充分接触，氧含量达到最大程度，再加上海浪的冲击作用，使飞溅区成为腐蚀性最强的区域。潮汐区是指平均高潮位和平均低潮位之间的区域，其腐蚀速度稍高于全浸区。但对于长尺寸的钢带试样，潮汐区的腐蚀速度反而低于全浸区。在平均低潮线以下部分直至海底的区域称为全浸区。海泥区是指海水全浸区以下部分，主要由海底沉积物构成。与陆地土壤不同，海泥区含盐度高，电阻率低，腐蚀性较强。与全浸区相比，海泥区的氧浓度低，钢在海泥区的腐蚀速度通常低于全浸区。材料在深海的腐蚀行为与海水深度的溶氧、温度和压力相关，海面表层溶氧含量大约为 5 ~ 10ppm（注：1ppm = 10^{-6}，下同），过渡层溶氧含量为 3ppm 以下，进入深层溶氧含量有回升趋势，深海的腐蚀行为如下：随着深度增加，均匀腐蚀减弱，局部腐蚀增加。

海水腐蚀的主要环境因素包括：

（1）盐度。海水中以氯化钠为主的盐类，其浓度范围对钢来讲，刚好接近于腐蚀速度最大的浓度范围，溶盐超过一定值后，由于氧的溶解度降低，使金属腐蚀速度也下降。

（2）pH 值。海水的 pH 值一般处于中性，对腐蚀影响不大。在深海处，pH 值略有降低，不利于在金属表面生成保护性碳酸盐层。局部环境的 pH 值可能很小，应引起关注。

（3）碳酸盐饱和度。在海水的 pH 值条件下，碳酸盐达到饱和，易于沉积在金属表面而形成保护层，当施加阴极保护时更易使碳酸盐沉积析出。河口处的稀释海水，尽管电解质本身的腐蚀性并不强，但是碳酸盐在其中并不饱和，不易在金属表面析出形成保护层，致使腐蚀增加。

（4）氧含量。海水中氧含量增加，可使金属腐蚀速度增加。

（5）温度。提高温度通常能加速反应，但随温度上升，氧的溶解度随之下降，又可削弱温度效应。

（6）流速。流速增大，腐蚀速度增加。但对在海水中能钝化的金属则不然，有一定的流速能促进钛、镍合金和高铬不锈钢的钝化和耐蚀性。当海水流速很高时，金属腐蚀急剧增加，这和淡水一样，由于介质的摩擦、冲击等机械力的作用，出现了磨蚀、冲蚀和空蚀。

（7）生物性因素的影响。海水中有多种动植物和微生物生长，其中与腐蚀关系最大的是栖居在金属表面的各种附着生物。在我国沿海常见附着生物有藤壶、牡蛎、苔藓虫、水螅、红螺等。

1.2　工业腐蚀环境

工业革命带来了人类社会的巨大进步，导致了大量各类材料的出现，也带来了大量高温、高压、易腐蚀的各种工业环境介质的出现，如各种酸、碱、盐和化学介质，同时使人类不断需要挑战新的工业环境极限。典型的工业腐蚀环境有石油工业腐蚀环境、化工腐蚀环境和核电工业腐蚀环境，而每一工业体系的腐蚀环境也是极其复杂的。

1.2.1　石油工业腐蚀环境

石油工业是由勘探、钻井、开发、采油、集输、炼制和储存等环节组成的。石油工业的各个环节均与钢铁紧密相连，钢铁结构大都在非常恶劣的环境服役，导致石油工业的设备遭受严重腐蚀。

石油开采过程中容易发生腐蚀的环境：主要在钻井工程、采油工程和集输工程中。钻井过程中的腐蚀介质主要来自大气、钻井液和地层产出物，通常是几种组分同时存在；采油和集输工程多为 CO_2 和 H_2S 腐蚀环境；油气集输工程还有掺水环境。

炼油工业的主要腐蚀环境：$HCl + H_2S + H_2O$ 腐蚀环境主要存在于常减压蒸馏装置，温度低于150℃的部位；硫化物腐蚀环境包括常温硫化物的应力开裂腐蚀和露点腐蚀以及240℃以上的重油部位硫、硫化物和硫化氢形成的腐蚀环境；环烷酸腐蚀环境存在于220~400℃之间；氢脆环境主要发生在常温，氢腐蚀环境指温度在200℃以上，氢分压高于0.5MPa造成的腐蚀。另外，还有高温 $H_2S + H_2$ 型腐蚀环境、$RN_2 - CO_2 - H_2S + H_2$ 型腐蚀环境、$N_xO + H_2O$ 腐蚀环境、$H_2S + NH_3 + H_2 + H_2O$ 腐蚀环境、$CO_2 + H_2O$ 腐蚀环境、重金属腐蚀环境及其复合环境。

石油化工设备的腐蚀环境：高温盐酸腐蚀环境主要发生在以三氯化铝为催化剂的烃化、异构化生产装置中，如苯乙烯装置、苯酚/丙酮装置；高温硫酸腐蚀环境主要集中在烧碱装置、异丁烯装置、丁腈橡胶和丁苯橡胶装置、粘胶生产装置等中；氟化氢与氢氟酸腐蚀环境。

石油化纤设备的腐蚀环境：醋酸、马来酸等有机酸腐蚀环境通常发生在涤纶高温氧化法的离心机和管道中、涤纶低温氧化法的氧化塔和脱水塔中、醋酸装置的回收塔和精馏塔中；硫酸腐蚀环境多发生在维纶整理工艺缩醛化设备、腈纶生产回收设备、锦纶6生产己内酰胺等设备中；盐酸腐蚀环境一般发生在乙醛装置反应器、除沫器、催化剂再生器和冷凝器上；磷酸、铬酸和硝酸腐蚀环境多发生于锦纶66中的硝酸装置和己二酸装置。另外，化纤设备中还存在己二酸腐蚀环境、对苯二甲酸腐蚀环境和氢氧化钠腐蚀环境。

大氮肥装置常见腐蚀环境：低温 $H_2S - CO_2 - H_2O$ 环境；高温氢腐蚀环境；中温 $CO_2 - CO - H_2$ 环境；$K_2CO_3 - CO_2 - H_2O$ 环境；高温高压 $H_2 - N_2 - NH_3$ 环境；常温氨环境。

1.2.2 化学工业腐蚀环境

化学工业是最复杂的人造腐蚀环境的工业领域，历史上几乎每次新产品和新工艺的出现，都伴随着新的腐蚀环境的出现；几乎所有的人为腐蚀环境都存在于化学工业中。按其介质分类，主要分为酸腐蚀环境、盐腐蚀环境和碱腐蚀环境。

化学工业酸碱腐蚀环境包括所有有机酸、无机酸和所有碱环境，它们对金属的腐蚀是严重的，腐蚀规律也复杂。酸对金属的腐蚀，视其是氧化性的还是非氧化性的而大不相同。

化学工业盐腐蚀环境有多种类别形式，按盐溶于水时所显示出的酸碱性，可将盐分成酸性、中性及碱性盐；又有氧化性、非氧化性盐的区分。表1-3列出了部分无机盐的分类。

表1-3　部分无机盐的酸碱性分类

类　　别	中性盐	酸性盐	碱性盐
非氧化性	氯化钠 NaCl 氯化钾 KCl 硫酸钠 Na_2SO_4 硫酸钾 K_2SO_4 氯化锂 LiCl	氯化铵 NH_4Cl 硫酸铵 $(NH_4)_2SO_4$ 氧化锰 MnO_2 二氯化铁 $FeCl_2$ 硫酸镍 Ni_2SO_4	硫化钠 Na_2S 碳酸钠 Na_2CO_3 硅酸钠 Na_2SiO_3 磷酸钠 Na_3PO_4 硼酸钠 $Na_2B_2O_7$
氧化性	硝酸钠 亚硝酸钠 铬酸钾 重铬酸钾 高锰酸钾	三氯化铁 $FeCl_3$ 二氯化铜 $CuCl_2$ 氯化汞 $HgCl_2$ 硝酸铵 NH_4NO_3	次氯酸钠 NaClO 次氯酸钙 $Ca(ClO)_2$

1.2.3 核电工业腐蚀环境

核工业中的腐蚀性介质和环境主要有射线与辐照，高温高压水、高纯钠及高纯锂，强侵蚀性介质。核反应堆运行中的振动腐蚀、冲刷腐蚀和腐蚀疲劳以及锆合金在高温水蒸气中的氧化问题都很重要。

射线与辐照腐蚀环境：核工业中经常见到的射线有 α 射线、β 射线、X 射线、γ 射线和中子流等，此外还有质子流、氚核流等带电重粒子束。这些射线或多或少都会对材料的腐蚀起一定的作用。

高温高压水、高纯钠、高纯锂以及高纯氦腐蚀环境：高温高压水主要应用于轻水堆，核电工业中的高温高压水环境控制非常严格。高纯钠主要应用于液态金属冷却堆，高纯锂要应用于聚变反应堆。此外，还有高温气冷堆使用高纯氦。氦气中如有杂质存在，就会产生腐蚀问题。

强侵蚀性介质腐蚀环境：核工业中铀矿开采，矿石的化学处理与加工，铀化合物的精制、浓缩，在核反应堆内核反应后的核燃料元件处理，裂变产物的分离、回收，放射性废液、废料的处理过程，都需要使用大量的酸、碱、盐类化合物，都具有不同的侵蚀性。焊缝处的腐蚀问题以及矿料产生的磨损腐蚀问题都比较严重。在铀同位素的分离过程中，六氟化铀的化学性质异常活泼，它与水反应生成 HF，具有侵蚀作用。

1.3　实验室模拟与加速腐蚀试验环境

1.3.1　模拟气氛腐蚀试验

模拟气氛腐蚀试验是在强化环境气氛中进行的实验室试验，包括模拟气氛和加速气氛两种。模拟气氛尽量与实际服役气氛相同；加速气氛是通过强化温度、相对湿度、压力、冷凝湿气及腐蚀介质（如二氧化硫、氯化物、酸类、氨类、硫化氢、有机或无机气氛等）等因素使服役工况下存在的腐蚀机理再现，并使腐蚀过程得到加速。

气氛选择与确定：对模拟气氛腐蚀试验，根据实际服役环境条件，直接确定模拟气氛组成、温度、湿度和压力等参数；对加速气氛腐蚀试验，则可以采用强化单一环境影响因子或多个环境影响因子，对腐蚀过程进行加速，一般情况，建议加速因子不要同时超过三种。推荐的南海地区海洋大气的加速腐蚀试验载荷谱（加速因子为 8 ~ 10，相当于实际服役 1 年）如图 1-1 所示。

1.3.2　模拟干湿交替腐蚀试验

干湿交替试验是在一定的试验周期内，将低合金结构钢试样按照给定的频率循环浸湿和干燥。其中，浸湿过程使低合金结构钢接触试验溶液从而促使腐蚀发生，干燥过程使锈层逐渐脱水从而加速锈层稳定化转变过程。对于无应力试样，可以通过定期取样除去腐蚀产物后称重获得不同时间段的腐蚀速率；对于受力试样，可以通过定期取样除去腐蚀产物后观察表面形貌以确定裂纹萌生时间和裂纹

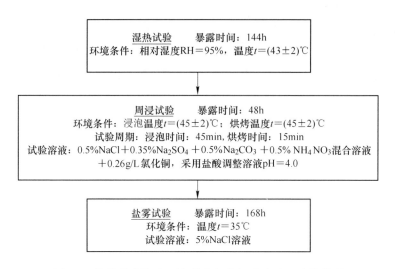

图 1-1　推荐的南海地区海洋大气的加速腐蚀试验载荷谱

扩展速率。其目的是规定了一种通过干湿交替试验来评估耐蚀性的方法，主要针对服役在具有周期性湿润和干燥特点环境中的材料，如海洋和工业大气、海水飞溅区和海水潮差区。

试验溶液的一般要求：试验溶液的配制包括溶质和溶剂两部分，除非有特殊的规定，溶质应使用分析纯或同等纯度的化学试剂，溶剂则应使用蒸馏水、去离子水或更高纯度的水，而且所用的水在（25 ± 2）℃下的电导率不高于 2mS/m（即 20μS/cm）。试验溶液既可以是模拟的实际服役条件，也可以是经过 pH 值和主要侵蚀性离子浓度等影响因素调整后的加速环境。

1.3.3　盐雾腐蚀试验

盐雾试验是一种主要利用盐雾试验设备创造人工模拟盐雾环境条件来考核产品或金属材料耐腐蚀性能的环境试验。人工模拟盐雾试验又包括中性盐雾试验、醋酸盐雾试验、铜盐加速醋酸盐雾试验、交变盐雾试验。

人工模拟盐雾环境试验是利用一种具有一定容积空间的试验设备（即盐雾试验箱），在其容积空间内用人工的方法造成盐雾环境，来对产品的耐盐雾腐蚀性能质量进行考核。与天然环境相比，其盐雾环境的氯化物的盐浓度，可以是一般天然环境盐雾含量的几倍或几十倍，使腐蚀速度大大提高。对产品进行盐雾试验，得出结果的时间大大缩短。如在天然暴露环境下对样品进行试验，待其腐蚀可能要 1 年；而在人工模拟盐雾环境条件下试验，只要 24 小时，即可得到相似的结果。但人工加速模拟试验仍然与天然环境不同，因而不能相互简单代替。

中性盐雾试验（NSS 试验）是采用 5% 的氯化钠盐水溶液，pH 值调在中性范围（6~7）作为喷雾用的溶液；试验温度均取 35℃，要求盐雾的沉降率在 1~2mL/（80cm·h）之间。醋酸盐雾试验（ASS 试验）是在 5% 氯化钠溶液中加入一些冰醋酸，使溶液的 pH 值降为 3 左右，溶液变成酸性，最后形成的盐雾也由中性盐雾变成酸性，它的腐蚀速度要比 NSS 试验快 3 倍左右。铜盐加速醋酸盐雾试验是一种快速盐雾腐蚀试验，试验温度为 50℃，在盐溶液中加入少量铜盐——氯化铜，强烈诱发腐蚀，它的腐蚀速度大约是 NSS 试验的 8 倍。

1.3.4　模拟海水腐蚀试验

根据低合金结构钢在海洋环境中的服役位置，确定是采用海水飞溅、潮差区、全浸区和还是深海区的腐蚀试验条件。试验温度除深海区腐蚀试验外，若无模拟服役条件需要，均可以采用室温。建立深海的实验室模拟环境时，需考虑 pH 值、氧含量、盐含量和温度等因素。

低合金钢模拟海水飞溅和潮差区腐蚀试验属于干湿交替海洋环境，可以采用 1.3.2 节方法进行试验。低合金钢模拟海水深海区腐蚀试验：将 300m 以下的海水定义为深海，通常深海的模拟条件为 2~4℃，氧含量为 2~4ppm，压力增加 1MPa 相当于 100m 深度。人造海水配方见表 1-4，pH 值用稀释的 NaOH 溶液调节到 8.2。这种人造海水可用于模拟低合金结构钢在海水中的实验室测试。由于缺乏有机物、悬浮物和海洋生物，实验室测试获得的结果可能不符合自然测试条件下所得到的结果，特别是在涉及速度、盐气氛或有机成分影响的情况下。

表 1-4　模拟海水的化学成分　　　　　　　　　（g/L）

NaCl	MgCl$_2$	Na$_2$SO$_4$	CaCl$_2$	KCl	NaHCO$_3$	KBr	H$_3$BO$_3$	SrCl$_2$	NaF
24.530	5.200	4.090	1.160	0.695	0.201	0.101	0.027	0.025	0.003

1.3.5　模拟土壤腐蚀试验

在有影响低合金结构钢腐蚀进程的强化因素存在的土壤环境中进行的实验室试验，包括模拟土壤腐蚀和加速土壤腐蚀两种。模拟土壤尽量与实际服役土壤相同；加速土壤环境腐蚀试验是通过强化温度、湿度、土壤化学介质（如氯离子、盐类、pH 值等）或电化学方法等使服役工况下存在的腐蚀机理再现，并使腐蚀过程得到加速。土壤腐蚀环境选择与确定包括现场实土、模拟土壤溶液、模拟土壤和加速土壤腐蚀试验方法。

现场实土是从服役现场获取的土壤，取样地点应能真实反映服役环境的典型特征。实验室化学分析主要包括以下 8 个因素：土壤电阻率、氧化还原电位、自然腐蚀电位、土壤 pH 值、土壤质地、土壤含水率、土壤含盐量、土壤氯离子含量。此外，还需检测其微生物性质。现场实土可直接用于模拟有菌土壤腐蚀实验,也可经烘自然干燥、粉碎、过筛(20目)、烘干(105℃,6h)后与去离子水配制不同含水率的土壤介质。其中,水饱和土的配置程序为向烘干的土壤中逐渐添加去离子水,直至土壤表面渗出一层薄薄的水膜,土壤水分即达到完全饱和。

模拟土壤溶液是针对我国的典型土壤环境,规定了三类土壤模拟液:库尔勒土壤模拟溶液、鹰潭土壤模拟溶液与北京土壤模拟溶液。库尔勒土壤模拟溶液代表西部典型的盐渍土壤,含盐量高、碱性强;鹰潭土壤模拟溶液代表东南部的土壤,含盐量低、酸性、电阻率和黏度大;北京土壤模拟溶液代表中性特征的土壤。上述三类模拟液的配方可分别参考表1-5~表1-7。也可根据现场实土的化学分析结果,配置相对应的土壤模拟溶液,使溶液更具有针对性。配制模拟溶液的化学药品等级为分析纯或化学纯,溶剂为去离子水。

表1-5 库尔勒土壤模拟溶液

成分	Cl^-	SO_4^{2-}	CO_3^{2-}	HCO_3^-	Ca^{2+}	全盐含量	pH值
含量/%	0.2317	0.0852	0	0.0106	0.0044	0.5320	9.38

表1-6 鹰潭土壤模拟溶液

成分	Cl^-	SO_4^{2-}	HCO_3^-	NO_3^-	Na^+	Mg^{2+}	K^+	Ca^{2+}	全盐含量	pH值
含量/%	0.0036	0.0018	0.0011	0.0030	0.0017	0.0002	0.0006	0.0008	0.0234	4.6

表1-7 北京土壤模拟溶液

成分	KNO_3	$CaCl_2$	Na_2CO_3	$NaHCO_3$	$MgSO_4 \cdot 7H_2O$	Na_2SO_4
含量/$g \cdot L^{-1}$	0.0146	0.0781	0.0180	0.3990	0.3998	0.3330

模拟土壤是以石英砂为基本原料,先过筛以分离得到黏粒(<0.002mm)、粉粒(0.002~0.05mm)与砂粒(0.05~2mm),三者以不同配比混合均匀,以模拟砂土、壤土、黏土等不同质地的土壤,具体的土壤质地与配比之间的关系参考《美国土壤质地分类标准》以及《国际制土壤质地分级标准》。在上述石英砂中加入不同比例的土壤模拟溶液,可得到不同含水率的模拟土壤;也可通过调节模拟溶液的成分定量控制模拟土壤的各项理化性质,便于进行加速实验或定量分析。

加速土壤腐蚀试验方法包括:(1)强化介质法。以上述三种典型土壤模拟溶液,或特定地点的土壤提取液为基准,增大氯离子或(和)硫酸根离子浓度至基准溶液的3倍甚至10倍,进行实验。(2)电偶加速法。制作铜钢电偶对,铜的工作面积为5cm×6cm,钢的工作面积为1cm×1cm,二者偶接,且除工作表面以外的其余部分均由环氧密封。(3)电解加速法。采取套管实验方法,把一段测试钢管埋在装有水饱和土壤的镀锌钢中,用蓄电池加6V电压,根据24小时后钢管的失重评价其耐蚀性能。（4）环境加速法。采用土壤腐蚀模拟加速试验箱，利用实际土壤，控制土壤含水量和温度变化，建立恒温恒含水量、冷热交替和干湿交替三种土壤腐蚀加速试验方法，模拟自然环境条件下不同季节土壤温度、含水量的变化，以及土壤干裂后或强对流天气引起的空气扩散速度加快的作用。

1.4　低合金结构钢的腐蚀类型

大量研究表明，无论是在自然环境，还是在工业环境中，低合金结构钢构件发生腐蚀的类型通常是全面腐蚀、电偶腐蚀、点蚀、缝隙腐蚀、应力腐蚀和腐蚀疲劳，以及微生物腐蚀等类型。

1.4.1　全面腐蚀

全面腐蚀是指腐蚀发生在整个金属材料的表面，其结果是导致金属材料全面减薄。全面腐蚀通常是均匀腐蚀，有时也表现为非均匀的腐蚀。全面腐蚀现象十分普遍，可能由化学腐蚀原因引起，如一些纯金属或均匀的合金在电解质溶液中的自溶解过程，但通常所说的全面腐蚀是特指由电化学反应引起的全面腐蚀。全面腐蚀的电化学特点是，从宏观上看，整个金属表面是均匀的，与金属表面接触的腐蚀介质溶液是均匀的，即整个金属/电解质界面的电化学性质是均匀的，表面各部分都遵循相同的溶解动力学规律。从微观上看，金属表面各点随时间有能量起伏，能量高时（处）为阳极，能量低时（处）为阴极，腐蚀原电池的阴、阳极面积非常小，而且这些微阴极和微阳极的位置随时间变换不定，因而整个金属表面都遭到近似相同程度的腐蚀。

1.4.2　电偶腐蚀

电偶腐蚀也叫异种金属腐蚀或接触腐蚀，是指两种不同电化学性质的材料在与周围环境介质构成回路时，电位较正的金属腐蚀速率减缓，而电位较负的金属腐蚀加速的现象。造成这种现象的原因是这两种材料间存在着电位差，形成了宏观腐蚀原电池，产生电偶腐蚀应同时具备下述三个基本条件：

（1）具有不同腐蚀电位的材料。电偶腐蚀的驱动力是被腐蚀金属与电连接的高腐蚀电位金属或非金属之间产生的电位差。

（2）存在离子导电回路。电解质必须连续存在于接触金属之间，构成电偶腐蚀电池的离子导电回路。

（3）存在电子导电回路。即被腐蚀金属与电位高的金属或非金属之间要么直接接触，要么通过其他电子导体实现电连接，构成腐蚀电池的电子导电回路。

电极电位是金属腐蚀可能性的热力学判据，是衡量金属变成金属离子进入溶液的趋势，电位越负的金属，其变成离子转入溶液的趋势越大。电动序（标准电动序）是按金属标准电极电位高低排列的次序表。由于确定金属标准电极电位的条件与实际腐蚀条件往往会相差很大，所以对金属在偶对中的极性做判断时，不能以标准电极电位作为判据，而应该以金属的腐蚀电位作为判据，否则有时会得出错误的结论。对于实际的腐蚀体系而言，常采用电偶序判断金属在某一特定介质中的相对腐蚀倾向。

通常阴阳极面积比对电偶腐蚀的影响很大。当阴极面积增大时，阳极性金属的腐蚀速率会加快。若阴极还原反应是氢去极化，阴极面积增大使得电流密度减小，导致析氢过电位减小，将使电偶腐蚀速率增加；如果阴极还原反应是由氧的扩散控制，阴极面积增加意味着可接受更多的氧发生还原反应，同样会导致电偶腐蚀速率增加。

介质的组成、温度、电导率、pH 值、环境工况条件的变化等因素均对电偶腐蚀有重要的影响。通常，介质腐蚀性越强，电偶腐蚀程度也就越严重。当金属发生全面腐蚀时，介质的电导率越高，则金属的腐蚀速率越大，但是对于电偶腐蚀而言，介质电导率高低对阳极金属的腐蚀程度的影响有所不同。对于高电导率的介质体系，如海洋环境，介质的电导率高，溶液的欧姆压降可以忽略，电偶电流可分散到离接触点较远的阳极表面上，阳极所受的腐蚀较为"均匀"。如果是在软水或普通大气环境中，由于介质的电导率低，两极间溶液引起的欧姆压降大，腐蚀会集中在离接触点较近的阳极表面，相当于把阳极的有效表面缩小，因而局部腐蚀严重。

1.4.3 点蚀

点蚀又称小孔腐蚀，是一种腐蚀集中在金属表面很小范围内并深入到金属内部其至穿孔的孔蚀形态，具有自钝化特性的金属，如不锈钢、铝和铝合金等在含氯离子的介质中，经常发生点蚀，呈细长的针状形态。在许多含氯离子的介质中碳钢亦会出现点蚀现象，这种点蚀与不锈钢中的针状腐蚀有所差异。小孔腐蚀的蚀孔直径一般只有数十微米，但深度等于或远大于孔径。孔口多数有腐蚀产物覆盖，少数呈开放式（无腐蚀产物覆盖）。蚀孔通常沿着重力方向发展，一块平放在介质中的金属，蚀孔多在朝上的表面出现，很少在朝下的表面出现。点蚀产生的主要特征：

（1）点蚀多发生于表面生成钝化膜的金属或表面有阴极性镀层的金属上（如碳钢表面镀锡、铜、镍）。当这些膜上某些点上发生破坏后，破坏区域下的金属基体与膜未破坏区域形成活化-钝化腐蚀电池，钝化表面为阴极而且面积比活化区大很多，腐蚀向深处发展形成小孔。

（2）点蚀发生在含有特殊离子的介质中，如不锈钢对卤素离子特别敏感，

其作用顺序为 $Cl^- > Br^- > I^-$。这些阴离子在合金表面不均匀吸附导致膜的不均匀破坏。

（3）点蚀通常在某一临界电位以上发生，该电位称作点蚀电位或击破电位（E_b）；又在某一电位以下停止，这一电位称作保护电位或再钝化电位（E_p）。当电位大于 E_b，点蚀迅速发生、发展；电位在 $E_b \sim E_p$ 之间，已发生的蚀孔继续发展，但不产生新的蚀孔；电位小于 E_p，点蚀不发生，即不会产生新的孔蚀，已有的蚀孔将被钝化不再发展。但是，也有许多体系可能找不到特定的点蚀电位，如点蚀发生在过钝化电位区（铁在 ClO_4^- 溶液中）、发生在活化/钝化转变区（铁在硫酸溶液中）时，就难以确定点蚀电位。在一些情况下，如含硫化物夹杂的低碳钢在中性氯化物溶液中，点蚀也可能发生在活化电位区。

点蚀可分为两个阶段，即点蚀成核（发生）阶段和点蚀生长（发展）阶段。点蚀从发生到成核之前有一段孕育期，有的长达几个月甚至几年时间。孕育期是从金属与溶液接触一直到点蚀开始的这段时间。孕育期是一个亚稳态阶段，它包括亚稳孔形核、生长、亚稳孔转变为稳定蚀孔的过程。蚀孔内金属的溶解依赖于蚀孔内溶液中的盐浓度，当盐浓度达到饱和浓度的 60% 后，阳极溶解电流迅速增加，但盐浓度太高后，溶解速率又有所下降。这可能是当盐浓度超过一定值后，金属从钝化态转变为活化状态，溶解速率加快；盐浓度太高时，由于溶液导电率下降，导致腐蚀速率降低。

1.4.4　缝隙腐蚀

金属表面因异物的存在或结构上的原因而形成缝隙，从而导致狭缝内金属腐蚀加速的现象，称为缝隙腐蚀。造成缝隙腐蚀的狭缝或间隙的宽度必须足以使腐蚀介质进入并滞留其中，当缝隙宽度处于 $25 \sim 100\mu m$ 之间时是缝隙腐蚀发生最敏感的区域，而在那些宽的沟槽或宽的缝隙中，因腐蚀介质易于流动，一般不会发生缝隙腐蚀。缝隙腐蚀是一种很普遍的局部腐蚀，因为在许多设备或构件中缝隙往往不可避免地存在着。缝隙腐蚀的结果会导致部件强度的降低，配合的吻合程度变差。缝隙内腐蚀产物体积的增大，会引起局部附加应力，不仅使装配困难，而且可能使构件的承载能力降低。金属的缝隙腐蚀表现出如下主要特征：

（1）不论是同种或异种金属的接触还是金属同非金属（如塑料、橡胶、玻璃、陶瓷等）之间的接触，甚至是金属表面的一些沉积物、附着物（如灰尘、砂粒、腐蚀产物的沉积等），只要存在满足缝隙腐蚀的狭缝和腐蚀介质，几乎所有的金属和合金都会发生缝隙腐蚀。自钝化能力较强的合金或金属，对缝隙腐蚀的敏感性更高。

（2）几乎所有的腐蚀介质（包括淡水）都能引起金属的缝隙腐蚀，而含有氯离子的溶液最容易引起缝隙腐蚀。

（3）遭受缝隙腐蚀的金属表面既可表现为全面性腐蚀，也可表现为点蚀形态。耐蚀性好的材料通常表现为点蚀型，而耐蚀性差的材料则为全面腐蚀型。

（4）缝隙腐蚀存在孕育期，其长短因材料、缝隙结构和环境因素的不同而不同。缝隙腐蚀的缝口常常为腐蚀产物所覆盖，由此增强缝隙的闭塞电池效应。

目前普遍为大家所接受的缝隙腐蚀机理是氧浓差电池和闭塞电池自催化效应共同作用的机理。

丝状腐蚀是发生在处于一定湿度大气环境中有有机涂层保护的钢、铝、镁、锌等材料表面的一类常见腐蚀类型，腐蚀形态呈细丝状，其腐蚀机理被认为与缝隙腐蚀十分接近，故也常将其作为一种特殊形式的缝隙腐蚀。因为这类腐蚀多数是发生在漆膜下，所以也被称作膜下腐蚀（图1-2（b））。通常情况下，丝状腐蚀并不会导致严重的后果，但会损害金属制品的外观，特别是表面涂有清漆膜的机械产品。不过，丝状腐蚀有时也会发展成缝隙腐蚀和点蚀甚至诱导应力腐蚀开裂。

由于各种固态沉积物在金属表面形成垢层，引起垢层下的腐蚀，称之为垢下腐蚀（图1-2（c））。垢下腐蚀是一种十分常见的腐蚀类型，多出现在冷却水系统，地面水、油气集输管线等系统。垢下腐蚀具有缝隙腐蚀的特征，是缝隙腐蚀的一种形式，由垢层与金属界面形成的缝隙而产生。

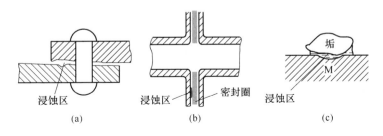

图 1-2 缝隙腐蚀示意图

1.4.5 应力腐蚀开裂和腐蚀疲劳

应力腐蚀开裂（stress corrosion cracking，SCC）是指受拉伸应力作用的金属材料在某些特定的介质中，由于腐蚀介质和应力的协同作用而产生的滞后开裂现象。通常，在某种特定的腐蚀介质中，材料在不受应力时腐蚀速度很小，而受到一定的拉伸应力（可远低于材料的屈服强度）下，经过一段时间后，即使是延展性很好的金属也会发生低应力脆性断裂。一般这种SCC断裂事先没有明显的征兆，往往造成灾难性的后果。常见的SCC有锅炉钢在热碱溶液中的"碱脆"、低碳钢在硝酸盐中的"硝脆"、奥氏体不锈钢在氯化物溶液中的"氯脆"和铜合金在氨水溶液中的"氨脆"等。低合金结构钢在 NaOH 溶液、硝酸盐溶液、含 H_2S 和 HCl 溶液、CO-CO_2-H_2O、碳酸盐溶液中都会发生应力腐蚀。

发生 SCC 需要同时具备三个条件：（1）材料本身对 SCC 具有敏感性。几乎所有的金属或合金在特定的介质中都有一定的 SCC 敏感性，合金和含有杂质的金属比纯金属更容易产生 SCC。（2）存在能引起该金属发生 SCC 的介质。对每种材料，并不是任何介质都能引起 SCC，只有某些特定的介质才产生 SCC。（3）发生 SCC 必须有一定拉伸应力的作用。这种拉伸应力可以是工作状态下材料承受外加载荷造成的工作应力；也可以是在生产、制造、加工和安装过程中形成的热应力、形变应力等残余应力；或表面腐蚀产物膜（钝化膜或脱合金疏松层）引起的附加应力，裂纹内腐蚀产物的体积效应造成的楔入作用也会产生拉应力。

应力腐蚀具有以下特点：（1）应力腐蚀是一种与时间有关的典型的滞后破坏，即材料在应力和腐蚀介质共同作用下，需要经过一定时间使裂纹形核、扩展，并最终达到临界尺寸，发生失稳断裂。（2）应力腐蚀是一种低应力脆性断裂。因为导致应力腐蚀开裂的最低应力（或 K_{I}）远小于过载断裂的应力 σ_{b}（或 K_{IC}），断裂前没有明显的宏观塑性变形，故应力腐蚀往往会导致无先兆的灾难性事故。（3）应力腐蚀裂纹的扩展速率一般为 $10^{-6} \sim 10^{-3}\mathrm{mm/min}$，比均匀腐蚀要快 10^6 倍，裂纹扩展分为三个阶段，第 Ⅱ 阶段的裂纹扩展速率 da/dt 基本上与 K_{I} 无关，它完全由电化学条件所决定。（4）应力腐蚀按机理可分为阳极溶解型和氢致开裂型两类，主要是根据阳极金属溶解所对应的阴极过程进行区分。

腐蚀疲劳是指金属材料在循环应力或脉动应力和腐蚀介质共同作用下，所产生的脆性断裂的腐蚀形态。在腐蚀介质和交变应力的共同作用下，金属的疲劳极限大大降低，因而会过早地破裂。这种破坏要比单纯交变应力造成的破坏（即疲劳）或单纯腐蚀造成的破坏严重得多，而且有时腐蚀环境不需要有明显的侵蚀性。船舶的推进器、涡轮和涡轮叶片、汽车的弹簧和轴、泵轴和泵杆及海洋平台等常出现这种破坏。

产生腐蚀疲劳的金属材料中有碳钢、低合金钢、奥氏体不锈钢以及镍基合金和其他非铁合金等。腐蚀疲劳一般按腐蚀介质进行分类，有气相腐蚀疲劳和液相腐蚀疲劳。从腐蚀介质作用的化学机理上分，气相腐蚀疲劳过程中，气相腐蚀介质对金属材料的作用属于化学腐蚀；液相腐蚀疲劳通常指在电解质溶液环境中，液相腐蚀介质对金属材料的作用属于电化学腐蚀。腐蚀疲劳按试验控制的参数，又分为应变腐蚀疲劳和应力腐蚀疲劳。前者是控制应变量，得到应变量与腐蚀疲劳寿命的关系；后者是控制试验应力，得到应力与腐蚀疲劳寿命的关系。

腐蚀疲劳是构件在循环载荷和腐蚀环境共同作用下，腐蚀疲劳损伤在构件内逐渐积累，达到某一临界值时，形成初始疲劳裂纹。然后，初始疲劳裂纹在循环应力和腐蚀环境共同作用下逐步扩展，即发生亚临界扩展。当裂纹长度达到其临界裂纹长度时，难以承受外载，裂纹发生快速扩展，以致断裂。因此，对于光滑试件的腐蚀疲劳过程包括裂纹形成、亚临界扩展和快速扩展，以致断裂等过程。

腐蚀疲劳除具有常规疲劳的特点外，由于受腐蚀性环境的侵蚀，是一个很复杂的材料或构件失效现象，影响因素众多，包括冶金、材料、环境、应力、时间、温度等，其中任何一个因素的变化都会影响腐蚀疲劳性能。严格讲，只有在真空中的疲劳才是真正的纯疲劳，对疲劳而言，空气也是一种腐蚀环境。但一般所说的腐蚀疲劳是指在空气以外腐蚀环境中的疲劳行为。腐蚀作用的参与使疲劳裂纹萌生所需时间及循环周次都明显减少，并使裂纹扩展速度增大。腐蚀疲劳的特点如下：

（1）腐蚀疲劳不存在疲劳极限。一般以预指的循环周次下不发生断裂的最大应力作为腐蚀疲劳强度，用以评价材料的腐蚀疲劳性能。

（2）与应力腐蚀相比，腐蚀疲劳没有选择性，几乎所有的金属在任何腐蚀环境中都会产生腐蚀疲劳，发生腐蚀疲劳不需要材料-环境的特殊组合。金属在腐蚀介质中可以处于钝态，也可以处于活化态。

（3）金属的腐蚀疲劳强度与其耐蚀性有关。耐蚀材料的腐蚀疲劳强度随抗拉强度的提高而提高，耐蚀性差的材料腐蚀疲劳强度与抗拉强度无关。

（4）腐蚀疲劳裂纹多起源于表面腐蚀坑或缺陷，裂纹源数量较多。腐蚀疲劳裂纹主要是穿晶的，有时也可能出现沿晶的或混合的，只有主干，没有分支。腐蚀疲劳裂纹的前缘较"钝"，所受的应力不像应力腐蚀那样的高度集中，裂纹的扩展速度比应力腐蚀缓慢。

（5）腐蚀疲劳断裂是脆性断裂，没有明显的宏观塑性变形。断口既有腐蚀特征，如腐蚀坑、腐蚀产物、二次裂纹等，又有疲劳特征，如疲劳辉纹。断口大部分有腐蚀产物覆盖，小部分较为光滑。

腐蚀疲劳比应力腐蚀裂纹易于形核，原因在于应力状态不同。在交变应力下，滑移具有累积效应，表面膜更容易遭到破坏。在静拉伸应力下，产生滑移台阶相对困难一些，而且只有在滑移台阶溶解速度大于再钝化速度时，应力腐蚀裂纹才能扩展，所以对介质有一定要求。

腐蚀疲劳与纯疲劳的差别在于腐蚀介质的作用，使裂纹更容易形核和扩展。在交变应力较低时，纯疲劳裂纹形核困难，以致低于某一数值便不能形核，因此存在疲劳极限，而且提高抗拉强度也会提高疲劳极限。存在腐蚀介质时，裂纹形核容易，一旦形核便不断扩展，故不存在腐蚀疲劳极限。由于提高强度对裂纹形核影响较小，因此腐蚀疲劳强度与抗拉强度并无一定的比例关系。腐蚀疲劳是交变应力与腐蚀介质共同作用的结果，所以在腐蚀疲劳机理研究中，常常把纯疲劳机理与电化学腐蚀作用结合起来。现已建立了蚀孔应力集中模型、滑移带优先溶解模型、保护膜破裂理论和吸附膜理论等四种腐蚀疲劳模型。

1.5　小结

低合金结构钢构件多在自然环境和工业环境中服役，发生腐蚀的类型通常是全面腐蚀、电偶腐蚀、点蚀、缝隙腐蚀、应力腐蚀和腐蚀疲劳，以及微生物腐蚀等。无论是哪种腐蚀类型，其腐蚀符合电化学腐蚀的电极过程特点和机理，一般分为三个过程：

（1）腐蚀初期。当金属表面形成连续电解液薄层时，就开始了电化学腐蚀过程。阴极过程主要是依靠氧的去极化作用，即使是电位极负的金属，从全浸于电解液的腐蚀转变为大气腐蚀时，阴极过程也会由氢去极化为主转变为氧去极化为主。在强酸性的溶液中，在全浸时主要依靠氢去极化进行腐蚀，在城市污染大气所形成的酸性水膜下，这些金属的腐蚀主要依靠氧的去极化作用。这是因为在薄的液膜条件下，氧的扩散比全浸状态更为容易。在薄的液膜条件下，阳极过程会受到较大阻碍，阳极钝化以及金属离子水化过程的困难是造成阳极极化的主要原因。

（2）在金属表面形成锈层后的腐蚀。当气腐蚀的铁锈层处于湿润条件下，可以作为强烈的氧化剂而作用。在锈层内，在金属/Fe_3O_4界面上发生阳极反应：$Fe \rightarrow Fe^{2+} + 2e$；在$Fe_3O_4/FeOOH$界面上发生阴极反应：$6FeOOH + 2e \rightarrow 2Fe_3O_4 + 2H_2O + 2OH^-$，即锈层内发生$Fe^{3+} \rightarrow Fe^{2+}$的还原反应，可见锈层参与了阴极过程。在锈层干燥时，即外部气体相对湿度下降时，锈层和底部基体金属的局部电池成为开路，在大气中氧的作用下锈层重新氧化成为Fe^{3+}的氧化物。可见在干湿交替的条件下，带有锈层的钢能加速腐蚀的进行。一般说来，在大气中长期暴露的钢，其腐蚀速度是逐渐减慢的。原因之一是锈层的增厚会导致锈层电阻的增加和氧渗入的困难，这就使锈层的阴极去极化作用减弱；其二是附着性好的锈层内层将减小活性的阳极面积，增加阳极极化，使大气腐蚀速度减慢。

（3）锈层稳定结构形成后的腐蚀。锈层的主要晶体结构是随环境变化的，一般认为，钢表面锈层首先形成的是γ-FeOOH，再转变为α-FeOOH和Fe_3O_4，转变程度受周围大气湿度、污染因子等因素的影响。在工业区由于大气中含SO_2，使铁锈中Fe_3O_4含量很少。在受Cl^-影响的沿海地区，则γ-FeOOH少而Fe_3O_4多。在污染少的森林地带，α-FeOOH含量多。锈层液膜的pH值较低则易于生成γ-FeOOH；pH值较高则易于生成α-FeOOH和Fe_3O_4。

耐候钢比普通碳钢耐大气腐蚀，主要是由于耐候钢锈层的保护性优于普通碳钢锈层的保护性。通常耐候钢经2~4年后，就形成了稳定的保护性锈层，腐蚀速度降至很低，因而也可以不经涂装直接使用。

2 低合金结构钢的腐蚀试验与评价

低合金结构钢在实际服役中，经常发生的腐蚀类型有均匀腐蚀、点蚀、电偶腐蚀、缝隙腐蚀、应力腐蚀、腐蚀疲劳和微生物腐蚀，不同的腐蚀类型有不同的腐蚀试验与评价方法，除了第 1 章内容要求必须正确选定试验环境外，正确的试验与评价方法选定极其重要。在发展高品质低合金结构钢的冶金流程中，腐蚀试验方法选择的对与错，评价标准的宽与严，直接决定了低合金结构钢的质量与品质等级，也决定了低合金结构钢服役构件与装备的安全与寿命。

因此，低合金结构钢腐蚀试验与评价体系的建设，是发展高品质低合金结构钢又一项重要的基础工作。本章的主要内容就是给出均匀腐蚀、点蚀、电偶腐蚀、缝隙腐蚀、应力腐蚀、腐蚀疲劳等室内腐蚀试验与评价技术体系。

2.1 低合金结构钢均匀腐蚀试验与评价

2.1.1 试样与试验溶液

低合金钢材料为板材时，推荐的试样尺寸为 50mm × 25mm × (2~5)mm；圆形试样的推荐尺寸为 30mm(直径) × (2~5)mm(高)。为适应特殊要求的试验，也可以采用其他尺寸试样。一般选择表面积大、侧面积与总面积比值小的试样，一般情况下，与轧制或锻造方向垂直的面积不得大于试样总面积的一半。同批试样尺寸和规格应相同，至少采用 3 个平行试样。

一般根据实验目标，可以选择现场提取的溶液即天然溶液，或为了模拟现场环境而人工配制的溶液即人工模拟液。人工模拟液一般为突出某种特定溶液环境或模拟材料服役环境中主要环境因素而配置。配置过程中使用符合国家规定的分析纯试剂和蒸馏水或去离子水。模拟液的成分视材料服役环境而定，如海洋模拟液，一般南海海洋大气模拟环境一般选用 0.1% NaCl，0.05% Na_2SO_4 和 0.05% $CaCl_2$（质量分数），一般海洋模拟液可选 3.5% NaCl（质量分数）溶液或参考 24.53g/L NaCl + 5.20g/L $MgCl_2$ + 4.09g/L Na_2SO_4 + 1.16g/L $CaCl_2$ + 0.695g/L KCl + 0.201g/L $NaHCO_3$ + 0.101g/L KBr + 0.027g/L H_3BO_3 + 0.025g/L $SrCl_2$ + 0.003g/L NaF。含硫污染海洋环境的模拟液可以选择 3.5% NaCl + 0.01mol/L $NaHSO_3$。试验溶液的用量为每 1cm² 试样表面面积不少于 20mL。当试验对温度有要求时，应将试验温度控制在 ±1℃ 以内。溶液中如果需要充气时，如需排除溶解氧或充二氧化碳，应避免气流直接喷洒在试样表面，须在试样放入前的适当时间开始并在整个试验期间持续进行。除氧时，可以通过充入惰性气体来达到目的。

2.1.2　试验过程基本要求

试验时间是指从试验溶液达到要求温度，将试样放入后开始到实验结束取出试样为止的整个时间。对低合金结构钢，试验时间的确定需要根据腐蚀速率的大小来确定。一般情况下，长时间的试验结果较为准确，如果材料的腐蚀速率较大，较短的时间也可得到较为准确的结果。常用的试验周期为 12 ~ 168h，具体时间选择见表 2-1。

表 2-1　试验时间的选择

估算或预测的腐蚀速率/mm·a^{-1}	试验时间/h	更换溶液与否
>1.0	12 ~ 72	1 天更换一次
0.1 ~ 1.0	72 ~ 168	3 天更换一次
0.01 ~ 0.1	168 ~ 336	7 天更换一次
<0.01	336 ~ 720	7 天更换一次

试验过程中需要更换溶液时，要动作迅速。更换好溶液后，如有需要，将温度稳定在要求数值后，将试样不做任何处理地放回溶液，并开始累积计时。

2.1.3　试验评价

在预定的试验时间取出浸泡试样。若低合金钢发生局部腐蚀，则需要按照局部腐蚀的规定处理。金属腐蚀性能的评定方法分为定性和定量两类。定性评估方法主要观察金属试样腐蚀后的外形，确定腐蚀是均匀还是不均匀的，观察腐蚀产物的颜色，分布情况及金属表面结合是否牢固。定量腐蚀速率（v）以 mm/a 表示，按式（2-1）计算：

$$v = 8.76 \times 10^4 \times \frac{W_0 - W_T}{STD} \tag{2-1}$$

式中，v 为腐蚀速率，mm/a；W_0 为试验前试片的质量，g；W_T 为试验后试片的质量，g；S 为试样面积，cm^2；T 为试验时间，h；D 为试验材料的密度，g/cm^3。

腐蚀速率用所有平行试样的平均值做结果；当某个平行试样的腐蚀速率与平均值相对偏差超过 10% 时，应取新的试样做重复试验，用第二次试验结果进行求值。如果再次试验达不到要求，则应同时报道两次试验全部试样的平均值和每个试样的腐蚀速率。

根据深度法表征的腐蚀速率大小，可以将材料的耐蚀性分为不同的等级，表

2-2 给出了 10 级标准分类法。该分类方法对有些工程应用背景显得过细，因此还有低于 10 级的其他分类法。如三级分类法规定：腐蚀速率小于 1.0mm/a，为耐蚀（1 级）；腐蚀速率在 0.1~1.0mm/a，为可用（2 级）；腐蚀速率大于 1.0mm/a，为不可用（3 级）。不管按几级分类，仅具有相对性和参考性，科学地评定腐蚀等级还必须考虑具体的应用背景。

表 2-2　均匀腐蚀的 10 级标准

腐蚀性分类	耐蚀性等级	腐蚀速率/mm·a^{-1}	腐蚀性分类	耐蚀性等级	腐蚀速率/mm·a^{-1}
I 完全耐腐蚀	1	<0.001	IV 尚耐蚀	6	0.1~0.5
II 很耐蚀	2	0.001~0.005		7	0.5~1.0
	3	0.005~0.01	V 欠耐蚀	8	1.0~5.0
III 耐蚀	4	0.01~0.05		9	5.0~10.0
	5	0.05~0.1	VI 不耐蚀	10	>10.0

2.2　低合金结构钢宏观电化学腐蚀试验与评价

低合金结构钢宏观电化学腐蚀试验与评价主要包括腐蚀电位测量、交流阻抗和动电位极化测量方法，适用于表征低合金结构钢腐蚀的电化学动力学特征及其行为与机理，快速测量与评价低合金结构钢的耐蚀性能；适用于低合金结构钢在制造过程中的质量控制及制备工艺改进，也适用于低合金结构钢构件在服役环境中耐蚀性能的评定。

2.2.1　试验原理

试验原理是按照混合电位理论，任何电化学反应都可以分为氧化反应和还原反应，并且没有静电荷积累。如果不施加外电压，在金属/电解质界面将会同时发生金属的氧化反应和离子的还原反应，并且测得的外部电流为零。因此，当一种金属发生腐蚀时，金属表面至少同时发生两个不同的、共轭的电极反应，一是金属腐蚀的阳极反应，另一个是腐蚀介质中去极化剂在金属表面进行的还原反应。由于两个电极反应的平衡电位不同，它们将彼此相互极化，低电位的阳极向正方向极化，高电位的阴极向负方向极化，最终达到一个共同的混合电位，即腐蚀电位 E_{corr}。电流-电位关系如图 2-1 所示。在研究金属腐蚀反应过程中，常用控制电流法或控制电位方法来测定金属的阳极、阴极极化曲线。将外加电位施于金属电极上，金属的电位即发生偏移，如果是进行阳极极化，电位向正方向移动；进行阴极极化时，电位向负方向移动，其偏离腐蚀电位的极化值 ΔE 即为过电位。以测得的电流密度的对数作横坐标，外加电位作纵坐标，即得到极化曲线。如图 2-2 所示。

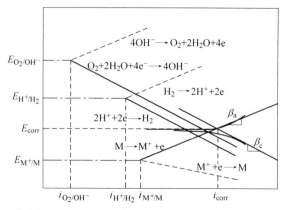

图 2-1　由两个阴极、一个阳极电化学反应组成的腐蚀体系的电位-电流关系

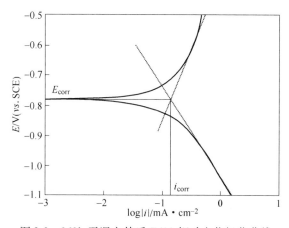

图 2-2　960h 干湿交替后 E690 钢动电位极化曲线

对于低合金结构钢，通常是活化极化控制的腐蚀体系。当腐蚀电位距两个局部反应的平衡电位甚远时，通常在极化电位偏离腐蚀电位为 ±100mV 左右，在极化曲线上会有一段直线，即 Tafel 直线，该直线服从塔菲尔方程 $E = a + b\lg i$，即外加电位与电流密度对数服从线性关系。将实测的阴、阳极极化曲线的直线部分延长到交点，此交点所对应的电流密度即为腐蚀电流密度 i_{corr}，如图 2-2 所示。

利用 Tafel 直线区计算腐蚀电流密度 i_{corr} 是对活化体系而言，腐蚀电位下的传质过程（扩散过程）对 Tafel 区曲线的影响很大，所以在试验过程中，宜适当地搅动溶液或使用旋转圆盘电极进行此试验。如果单纯为了测量腐蚀电流密度 i_{corr}，简便的方法是进行线性极化测量。只需测定腐蚀体系在腐蚀电位附近的微小极化区内（10mV）的稳态 $\Delta E - I$ 极化曲线，便可由其在 $\Delta E = 0$ 处的斜率确定极化电阻（R_p）。因此 R_p 的测量技术在大多数情况下与稳态极化曲线测量技术相同。通过试验测定 R_p 的同时，还需通过计算或者查阅文献得到 Tafel 直线的斜率 β_a

和 β_c，通过式（2-2）才能计算出腐蚀电流密度 i_{corr}。

$$i_{corr} = \frac{\beta_a \beta_c}{2.3 R_p (\beta_a + \beta_c)} \tag{2-2}$$

对于活化体系而言，得知腐蚀电流密度 i_{corr}，可以通过表达式（2-3）得知腐蚀速率。

$$CR = 3.27 \times 10^{-3} \frac{i_{corr} EW}{\rho} \tag{2-3}$$

其中

$$EW = N_{EQ}^{-1} = \sum \left(\frac{f_i n_i}{a_i} \right)$$

式中，CR 为腐蚀速率，mm/a；EW 为重量当量，g；f_i，n_i，a_i 分别为质量分数、电荷转移数、原子质量；ρ 为试样的密度，g/cm^3。

测量金属腐蚀速率的另一种常用电化学方法为电化学阻抗法（交流阻抗法）。交流阻抗技术是一种准稳态电化学技术。对处于定态下的电极系统用一个角频率为 ω 的小幅度正弦波电信号（电流 I 或电位 E）进行扰动，体系就会做出与角频率相同的正弦波响应（电位 E 或电流 I），其频率响应函数 $\frac{VE}{VI}$ 就是阻抗 Z。由不同频率下测得的系列阻抗可绘出系统的阻抗谱。阻抗谱包括 Bode 图和 Nyquist 图。阻抗谱反映出的电化学动力学信息可以用等效电路图解读。图 2-3 和图 2-4 所示分别为适用于活化体系的最简单的等效电路图与其对应的阻抗谱图。式

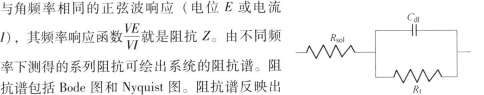

图 2-3 电极反应过程的
线性化模拟

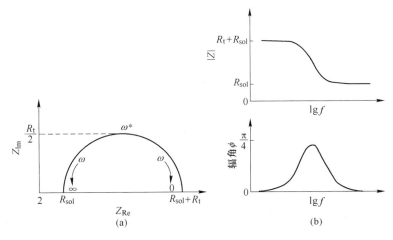

图 2-4 相应于等效电路图的阻抗谱图

（a）Nyquist 图；（b）Bode 图

（2-4）可用于描述该体系的阻抗。

$$Z = R_{sol} + \frac{R_p}{1 + \omega^2 R_p^2 C^2} - \frac{j\omega C R_p^2}{1 + \omega^2 R_p^2 C^2} \qquad (2\text{-}4)$$

式中，Z 为阻抗值；$\omega = 2\pi f$ 为施加信号的频率；C = 界面电容；$j^2 = -1$。

2.2.2　试验过程基本要求

试验用电化学工作站主要包括恒电位/恒电流仪、电化学交流阻抗测试硬件、电化学噪声及电偶腐蚀测试硬件及软件、电化学测试软件、电极接线等部分。在灵敏度、精确度及测试范围方面，目前国产及进口工作站均可满足测试要求。

被测试的材料为电极材料，通常采用棒状或平板，要求研究电极具有高的信噪比和可重现的表面性质，如电极的组成和电极的表面状态等。根据具体应用制备试样，试样具有确定的暴露面积，以便计算流经研究电极的电流密度。为了限定研究电极的暴露面积，使非工作表面与电解质隔绝，须对电极进行封样处理。封样操作应避免产生缝隙腐蚀及由此造成的干扰。常用的封样方法有涂料涂封、热固性塑料嵌镶试样、聚四氟乙烯专用夹具压紧非工作面等。

辅助电极也叫对电极，它只用来通过电流以实现研究电极的极化。辅助电极的面积一般比研究电极大，一般由高纯铂片或石墨制成，在酸性和碱性溶液中还可以分别使用 PbO_2 电极和 Ni 电极。辅助电极制成平板或棒状，或者网状支撑在玻璃框上。参比电极类型取决于具体应用，即温度和环境，一般常用的参比电极包括饱和甘汞电极和银/氯化银电极。

2.2.3　试验评价

近 30 年腐蚀电化学的发展日趋完善，低合金结构钢一般的腐蚀体系为活化体系，宏观电化学能够做到对其腐蚀过程的精确评定，尤其是稳态电化学曲线的测量，能够很好地表征腐蚀过程，快速评价低合金结构钢的耐蚀性。通常的评价方法为：腐蚀电流越大，耐蚀性越差；腐蚀电流越小，耐蚀性越好。腐蚀电位越负，一般耐蚀性越差；腐蚀电位越正，一般耐蚀性越好。阻抗越小，耐蚀性越差；阻抗越大，耐蚀性越好。

2.3　局部腐蚀试验与评价

2.3.1　点蚀试验与评价

低合金结构钢点蚀试验的试样的总表面积应在 15cm^2 以上，推荐尺寸(20 ~

50)mm × (20 ~ 30)mm × (2 ~ 5)mm。从待测材料上切取样品，应使与轧制或锻造方向垂直的断面面积占试样总面积的 1/2 以下。试验时溶液注入试验容器中，需要保证溶液体积与试样表面积的比值在 $200mL/cm^2$ 以上。将试验容器置于恒温槽中，加热到规定温度。试验溶液达到规定温度后，将试样放入溶液中（试样不得接触容器壁或容器底），连续进行浸泡（30 ~ 90 天）。也可根据供需双方协议调整浸泡时间，但浸泡时间不得少于 30 天。试验过程中，在试验容器上加装表面皿等以防止溶液蒸发。约 7 天更换一次试验溶液。浸泡试验结束后，应使用显微镜观察试样表面，确定腐蚀程度和点蚀坑的位置，并对试样表面拍照，以便与清除腐蚀产物后的表面进行对比。除锈后，通过显微镜观察点蚀形貌。

一般推荐以点蚀坑最大深度作为评定点蚀程度的指标，将点蚀程度分为 5 个评价等级，见表 2-3。也可按照 GB/T 18590 给出的标准图（以密度、大小和平均深度为参考指标）对点蚀程度评级。

表 2-3 低合金结构钢点蚀程度等级

等 级	低合金结构钢点蚀等级	
	指标	低合金结构钢
5（超强）	最大点蚀深度/mm·a^{-1}	≥2.5
4（强）	最大点蚀深度/mm·a^{-1}	≥1.8 ~ 2.5
3（中）	最大点蚀深度/mm·a^{-1}	≥1.0 ~ 1.8
2（较弱）	最大点蚀深度/mm·a^{-1}	≥0.3 ~ 1.0
1（弱）	最大点蚀深度/mm·a^{-1}	<0.3

注：1. 腐蚀数据引自国家材料环境腐蚀平台。
　　2. 超过上限等级 5 级的腐蚀速率表明环境超出本标准的范围。

2.3.2 缝隙腐蚀试验与评价

某个缝隙要成为腐蚀的部位，必须宽到溶液能够流入缝隙内，又必须窄到能维持液体在缝内停滞。一般发生缝隙腐蚀比较敏感的缝宽为 0.025 ~ 0.10mm。目前实验室缝隙腐蚀试验分为两部分：（1）缝隙腐蚀的加速试验。此处分为两种情况，一种是接触缝隙，如图 2-5 所示。采用缝隙结构的试样尺寸为 30mm × 30mm × (2 ~ 3)mm，中心有直径 8mm 的孔。推荐试样两面缝隙尺寸之和为 0.02mm。选用有机玻璃板作为盖板，其尺寸为 50mm × 40mm × 5mm。将需研究的低合金结构钢作为底板，其尺寸为 50mm × 50mm × 3mm。另一种是较宽缝隙，如图 2-6 所示。（2）缝隙腐蚀的电化学试验。不同试验方法有着不同的试样制备要求。为了能更清楚地研究目标金属的缝隙腐蚀行为，本实验均采用金属与非金属的组合。

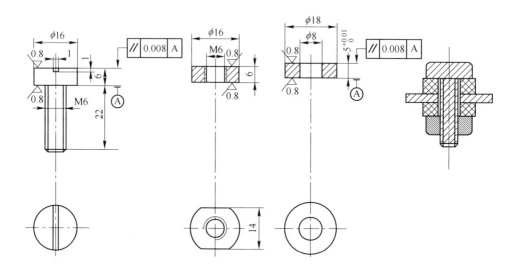

图 2-5　螺钉、螺母缝隙结构的零件及装配

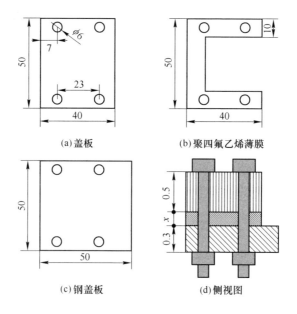

(a)盖板　　　　(b)聚四氟乙烯薄膜

(c)钢盖板　　　　(d)侧视图

图 2-6　较宽缝隙结构试验装置示意图（单位：mm）

缝隙腐蚀的加速试验的每个试样需要两块直径12.7mm、高12.7mm的圆柱状聚四氟乙烯塑料块，在每块塑料柱的一个顶面开一个1.6mm宽、1.6mm深的垂直槽，以固定橡胶环用。另一个顶面的表面粗糙度与试样表面相同。试样组装如图2-7所示。用两个"O"形环，每个环绕两圈，小的"O"形环沿试样的宽度方向缠绕；大的"O"形环沿试样的长度方向缠绕。把聚四氟乙烯塑料柱固定在试样上。试验温度分别为30℃和60℃。

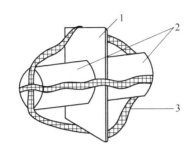

图2-7 缝隙腐蚀加速试验试样组装示意图

1—试样；2—聚四氟乙烯圆柱；3—低硫橡胶带

缝隙腐蚀的电化学试验使用三电极体系，其中需研究的低合金结构钢为工作电极，其尺寸为10mm×10mm×5mm；辅助电极为Pt片，其尺寸为20mm×10mm的长方形片；参比电极为自制的直径圆柱形粉末压片Ag/AgCl，直径为1mm，电极均背面焊接导线。Ag/AgCl粉末压片型参比电极制备方法如下：采用0.074mm（200目）Ag粉和纳米级AgCl，按质量百分比3:2充分混合后放入如图2-8所示的模具后以压片机进行压制，连带塑料外套取出后钉帽外焊接导线，以恒电位或方波活化后封入试样。整体装置如图2-9所示。

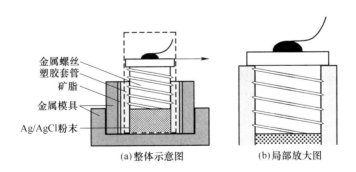

图2-8 粉末压片电极模具

利用电化学工作站进行开路电位、动极化曲线和阻抗谱的测量。开路电位测量时间为20min，其后在自腐蚀电位下进行交流阻抗谱的测量，扰动电位为

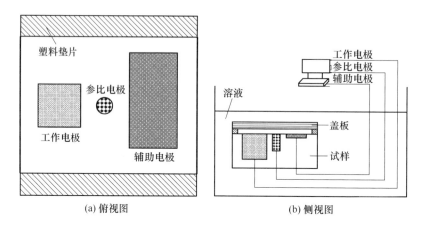

(a) 俯视图　　　　　　　　　　　　(b) 侧视图

图 2-9　缝隙腐蚀电化学试验装置

10mV，扫描频率为 100kHz ~ 10mHz，阻抗测试周期分别为 1 天、5 天、10 天、15 天和 30 天。动电位极化曲线扫描速率设定为 0.5mV/S，扫描范围定为 0 ~ +1.8V（对开路电位）。

试验结果评定：用式（2-1）计算失重腐蚀速率。

2.3.3　电偶腐蚀试验与评价

将低合金结构钢作为 A 极组元，其他试样作为 B 极组元，把 A 极组元与 B 极组元配成偶对，每一偶对的两个组元并排放置，不同面积的两个试样水平中心线应保持在相同的高度。试验溶液根据实际情况需要而定，如人造海水，也可选择其他溶液。溶液配好后测量 pH 值并记录；并保证溶液温度控制在（30 ± 1）℃。试验溶液成分、溶液温度都可以根据实际需要协商确定。

利用电偶腐蚀测量计或恒电位仪分别测量试样在实验溶液的开路电位值，待试样在溶液中达到稳定后（推荐判断标准为开路电位 5min 内的极差值小于 3），再继续测试 600s，总测试时间不少于 1800s。测试完成后，记录各试样的开路电位值，根据开路电位值判断电偶腐蚀发生的敏感性。

将配好的溶液放入烧杯中，按照图 2-10 接好线，把偶极对放入溶液当中，将整个装置放进恒温水浴锅当中，试验溶液与试样面积比不小于 20mL/cm²，两试样的推荐距离为 30mm，也可采取其他距离，但相同实验的每一组平行试样间的距离是相同的。对比试样采用同样的接线处理方式，将 B 极组元换成辅助电极 Pt 片，试样之间的距离要与电偶试验相同。

利用电偶腐蚀测量计或恒电位仪测试电偶电流，实验时间不少于 1800s，电流测试结束前测量电偶电位，试验过程中注意溶液要始终保持在相同位置，测得的电偶电位精确到 1mV，测得的电偶电流精确到 1μA。

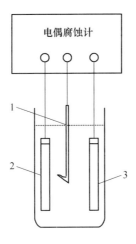

图 2-10 偶对配置及电连接
1—饱和甘汞电极；2—A 极组元；3—B 极组元

试验结果评定：质量损失法是比较偶接试样与对比试样试验前后的质量损失，判断电偶腐蚀损失程度。平均电偶腐蚀速率与电偶腐蚀系数的计算公式如下：

$$K_c = \frac{(M_{c0} - M_{c1}) - (M_0 - M_1)}{St} \tag{2-5}$$

式中，K_c 为电偶平均腐蚀速率，mm/a；M_{c0} 为阳极组元偶联试验前质量，g；M_{c1} 为阳极组元偶联试验后质量，g；M_0 为阳极组元对比试样试验前质量，g；M_1 为阳极组元对比试样试验后质量，g；S 为阳极组元实际表面积的数值，m^2；t 为试验时间，h。

电偶腐蚀系数计算公式如下：

$$P_c = \frac{K_c}{K} \times 100 \tag{2-6}$$

式中，P_c 为电偶腐蚀系数；K 为阳极对比试样腐蚀速率，mm/a，计算方式为：

$$K = \frac{M_0 - M_1}{St} \tag{2-7}$$

当电偶电位相差不超过 50mV 时，可认为不发生电偶腐蚀。将电偶电流-时间绘制曲线关系图，观察电偶电流随时间的变化，以及寻找是否有瞬时突变的电偶电流。根据电偶电流-时间曲线用求积法计算出平均电偶电流，按照试样的实际表面积计算出电偶电流密度。根据三次或三次以上的平行试验结果计算出平均电偶电流密度，按照平均电偶腐蚀电流密度判定电偶腐蚀等级，见表 2-4。

表 2-4　电偶电流密度与电偶腐蚀等级评定

序号	电偶电流密度/$\mu A \cdot cm^{-2}$	级别	腐蚀等级	使用建议
1	$i_s \leq 0.3$	A	可忽略腐蚀	可以接触
2	$0.3 < i_s \leq 1.0$	B	较轻微腐蚀	在一定条件下接触
3	$1.0 < i_s \leq 3.0$	C	轻微腐蚀	不能接触，防护后使用
4	$3.0 < i_s \leq 10.0$	D	较严重腐蚀	不能接触，防护后使用
5	$i_s \geq 10.0$	E	严重腐蚀	不能接触，防护后使用

2.3.4　晶间腐蚀试验与评价

本部分仅仅给出了海洋环境使用的低合金结构钢实验室晶间腐蚀试验方法与试验结果的评定方法。晶间腐蚀的加速试验试样尺寸为：（1）板材或型材：50mm×25mm×（3~10）mm；（2）棒材或线材：$\phi \leq 25mm$ 的棒材或线材：50mm（长度）×实际直径；$\phi > 25mm$ 的棒材，加工成与（1）相同尺寸的试样；（3）管材：参照棒材取样，如尺寸不够加工成平板试样，则沿管壁切样，但不得发生变形。晶间腐蚀加速试验的 3 个平行试样分别制备金相试样，每个试样可观察截面的（平板试样）总宽度或（棒状试样）总周长不少于 20mm。

根据所需模拟的试验环境进行选取晶间腐蚀的加速试验溶液，试验溶液分为两种：

（1）模拟工业-海洋大气环境的试验溶液：用符合 GB/T 1266—2006 规定的氯化钠，符合 GB/T 26519.1—2011 规定的无水过硫酸钠和去离子水或者蒸馏水配置质量分数为 5% NaCl 和 0.25% $Na_2S_2O_8$ 溶液，加入稀硫酸调节溶液 pH≈4。

（2）模拟无污染海洋大气环境的试验溶液：用符合 GB/T 1266—2006 规定的氯化钠和去离子水或者蒸馏水配置质量分数为 5% NaCl 溶液，加入稀硫酸调节溶液 pH≈4。

晶间腐蚀的加速试验的试验条件如下：

（1）污染海洋大气环境——周期浸润试验

暴露时间：4 天（96 小时）；

环境条件：温度 $t = 40℃$，相对湿度 RH = 90%；

腐蚀溶液：5% NaCl + 0.25% $Na_2S_2O_8$ 的混合溶液（稀硫酸调整 pH≈4）；

浸润周期：30min，其中 7.5min 浸润，22.5min 干燥。

（2）无污染海洋大气环境——周期浸润试验

暴露时间：16 天（384 小时）；

环境条件：温度 $t = 40℃$，相对湿度 $RH = 95\%$；

腐蚀溶液：5% NaCl 溶液（稀硫酸调整 $pH \approx 4$）；

浸润周期：30min，其中 7.5min 浸润，22.5min 干燥。

经过加速腐蚀试验后的试样，不经侵蚀，通过金相显微镜（放大 500 倍）观察，每个试样截面的观察宽度或周长不小于 20mm，如有明显网状晶界出现则为晶间腐蚀，测量其晶间腐蚀的最大深度。对加速试验后试样截面的金相进行观察，若出现晶间腐蚀，可根据晶间腐蚀最大深度按表 2-5 判定等级。

表 2-5 晶间腐蚀等级

级 别	晶间腐蚀最大深度 d_{max}/mm
1	$d_{max} \leqslant 0.01$
2	$0.01 < d_{max} \leqslant 0.03$
3	$0.03 < d_{max} \leqslant 0.10$
4	$0.10 < d_{max} \leqslant 0.30$
5	$d_{max} > 0.30$

2.4 应力—化学腐蚀试验与评价

2.4.1 应力腐蚀试验与评价

随着强度级别的提高，低合金结构钢的应力腐蚀敏感性的问题愈加突出，准确有效地在实验室内评定低合金结构钢的耐应力腐蚀性能，对低合金结构钢在制造过程中的质量控制和研发过程中耐应力腐蚀性能的评定及工艺改进，至关重要。

应力腐蚀试验方法主要是通过较高应力、较高应变、慢的连续变形、预裂纹试样、苛刻的环境和电化学加速等来实现的，其最主要的目的是更快地获得低合金结构钢应力腐蚀的相关信息。因此，低合金结构钢应力腐蚀性能的评定方法是多种多样的，面对不同的试验条件和试样种类，应选择合适的方法进行应力腐蚀试验。不同类型试样的选择主要依据低合金结构钢的强韧性、敏感性环境和加载应力的方式。通过外加应力或应变使其发生应力腐蚀行为时，应考虑到低合金结构钢服役的真实条件。施加的应力或应变不应过大或过小，避免对应力腐蚀敏感性产生错误的评估，严重影响低合金结构钢的使用情况。对于非标准试样，需要有充分的依据。本部分仅推荐使用 U 弯、C 环和慢应变速率拉伸等应力腐蚀试样方法。

恒定应变试验是普及性较高的一种应力腐蚀试验方法，其可以通过各种形式的弯曲来模拟真实服役环境中引起失效的应力条件。对于薄板，常使用弯曲法来实现；对于板材，常使用拉伸试验来完成；而对于管产品和其他圆截面成品，常使用 C 环或 U 弯试样来评价。如图 2-11 和图 2-12 所示。弯曲法中最常见的是三点弯试验，如要求定量精确的测试，则需要利用更加复杂的四点弯试验来完成。低合金结构钢 U 弯试样长度为 95mm，宽度为 14mm，厚度为 2mm，张角为 60°，左右两边各开一个 8mm 直径的孔，孔中心距离各自的边界 6mm。制备 U 弯时先将试样弯至 150°开口，然后利用螺钉慢慢拧至两边平行。低合金结构钢 C 环试样宽度为 14mm，厚度为 1.6mm，外径为 19mm，张角为 60°，左右两边各开一个 8mm 直径的孔。

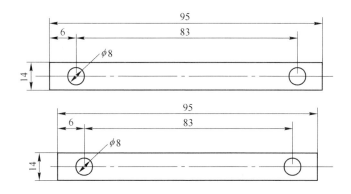

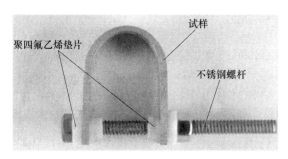

图 2-11　低合金结构钢 U 弯试样图

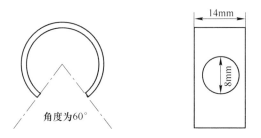

图 2-12　低合金结构钢 C 环试样图纸

恒定应力试验能够更加严密地模拟由于外加或操作应力引起的应力腐蚀破坏。在恒定应力试验过程中，试件的有效截面积会随着裂纹的萌生扩展而逐渐减小，从而使试验过程中的有效应力增加，形成更加苛刻的加载条件，故比恒定应变试验更有可能导致早期破坏或完全破坏。当裂纹发生扩展时，恒定应力试验过程中试样截面的减小会导致有效应力增加。因此，相比低于临界应力下的恒定应变试验，一旦裂纹萌生并扩展，则难以停下，故在特定的体系中，恒定应力条件下测得的临界应力值可能比恒定应变条件下测得的数值要低。

慢应变速率拉伸试验是一种对应力腐蚀极其敏感的试验方法，能够敏锐地察觉到不同条件下低合金结构钢之间细微的应力腐蚀敏感性差异。采用慢应变速率拉伸试验能够更好地评价对于应力腐蚀并不敏感的低合金结构钢。慢应变速率拉伸试验是以较慢的应变速率（$10^{-6}\mathrm{s}^{-1}$）施加于标准的拉伸试样上，使试样在应力和模拟溶液的同时作用下发生应力腐蚀直至断裂的过程。慢应变速率拉伸试样长度为140mm，宽度为16mm，厚度为2mm，左右两边各开一个8mm直径的孔，孔中心距离各自的边界14mm。应力腐蚀试验工作部分位于试样正中间，长50mm，宽5mm，通过R5的光滑圆角连接。如图2-13所示。

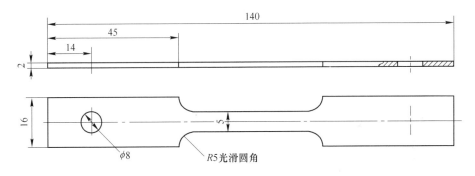

图2-13 低合金结构钢慢应变速率拉伸试样图纸

试验溶液多采用模拟大气、模拟海水、模拟土壤溶液或模拟工业腐蚀环境。外加电位是应力腐蚀试验中经常出现的试验条件，用来模拟实际环境中阴极保护电位存在下应力腐蚀发生的情况，对实际工程应用具有较高的指导意义。外加电位的大小通常依赖阴极保护的程度进行区分，主要包括欠保护电位、正常保护电位和过保护电位。对于不同的试验体系，外加电位的大小具有明显的差异，主要取决于溶液介质的导电性和试验条件对施加电位的阻碍性。通常，低合金结构钢在土壤模拟液体系中拉伸时，推荐使用的三个电位值分别为 $-750\mathrm{mV}$、$-850\mathrm{mV}$和 $-1200\mathrm{mV}$。

应力腐蚀试验评定的第一个指标是试样发生破裂的时间（或在规定时期内不破断的时间）。临界应力水平或临界应力强度水平（对于预裂纹试样）也是应力腐蚀试验中另一项常用的评判标准，这就需要测定适当的应力-开裂时间曲线。在某些试验方法中，第一条裂纹出现的时间也可以作为应力腐蚀开裂的评判标准。

慢应变速率拉伸的试验结果能用多种参数评定，首先通过断裂方式和断口形貌，即是韧性断裂还是脆性断裂，来判别低合金钢的开裂敏感性。其他常用的评价指标包括强度损失、延伸率损失和断面收缩率损失，在某些情况下，需要将其中的几项数据综合起来评价将能提供更好的依据。

应力腐蚀裂纹扩展速度或临界应力强度因子也是评价方法之一。采用预裂纹试样，能够在几天内测定这些参数。许多方法（弹性形变的变化、声发射、电位降、X 射线等）可用来监控裂纹的扩展，依靠预裂纹试样的递增负荷法能获得临界应力强度因子。

2.4.2　腐蚀疲劳试验与评价

低合金结构钢构件与装备多在腐蚀性介质环境中的动载荷下服役，经常发生腐蚀疲劳破坏。因此，低合金结构钢在制造过程中的质量控制及制备工艺改进，以及低合金结构钢构件在服役环境中耐腐蚀疲劳性能的评定，均需要建立与发展标准化的腐蚀疲劳试验与评价方法。截至目前比较成熟的腐蚀疲劳试验类型为常规腐蚀疲劳试验和腐蚀疲劳裂纹扩展试验两种。

常规腐蚀疲劳试验是通过设计某条件下（应力水平 S、应力场强度因子幅度 ΔK、循环次数 N、应力比 R、频率、波形），在逐渐减小应力水平 S 的条件下，得到能够引起试样失效的循环周次 N 来进行 S-N 曲线的绘制。通过 S-N 曲线确定 N 次循环时疲劳强度 S_n 或疲劳寿命很大时的疲劳强度极限值。在腐蚀性环境条件下，低合金钢的疲劳强度下降程度取决于环境和试验条件的状况，低合金钢在空气中可以观察到明显的疲劳强度极限，在腐蚀性环境中无明显的疲劳强度极限。

腐蚀疲劳裂纹扩展试验是通过循环加载试验在缺口试样上形成疲劳预裂纹，随着裂纹扩展，调节加载条件直到 ΔK 和 R 值适合，随后测 ΔK_{th} 值或裂纹扩展速率。试验是在特定应用的环境和应力条件下通过周期加载荷进行的。在试验中，记录裂纹长度和所经历循环次数，通过对这些数据进行数值分析将裂纹增长速率 da/dN 表示成应力强度因子范围 ΔK 的函数。

疲劳试样大小与形状的选择取决于许多因素。一方面，试样较大，更能够表征材料的腐蚀疲劳敏感性，但同时也会浪费材料、增加费用，而且也需要配备更大的试验设备或者夹具；另一方面，试样较小，能够有效地提高材料利用率并降低成本，但是由小截面试样所引起的一般腐蚀或点蚀问题难以避免，因而导致试验结果的误差偏大。考虑到材料组织内部不均匀性的存在，每一组试验最好准备三个平行试样，以保证试验结果的准确性和可靠性。考虑到低合金结构钢的服役环境和腐蚀疲劳试验及腐蚀疲劳裂纹扩展试验的便捷性,建议使用圆柱形试样及平板状试样(薄板推荐)进行腐蚀疲劳试验,推荐紧凑拉伸(CT)试样进行腐蚀疲劳裂纹扩展试验,试样尺寸如图2-14~图2-16所示。试验溶液多采用模拟大

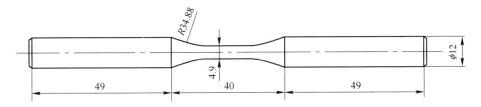

图2-14　低合金结构钢腐蚀疲劳试样圆柱形试样图纸(单位:mm)

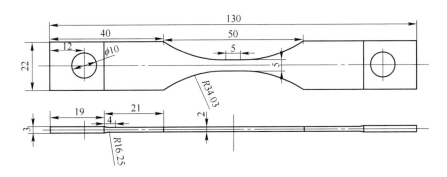

图2-15　低合金结构钢腐蚀疲劳试样平板试样图纸(薄板适用)

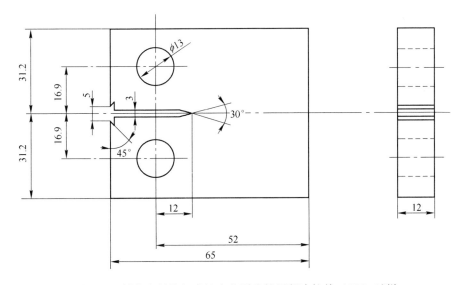

图2-16　低合金结构钢腐蚀疲劳裂纹扩展紧凑拉伸(CT)试样

气、模拟海水、模拟土壤溶液或工业腐蚀模拟环境。在不同的环境中，相同的低合金结构钢的开裂敏感性不一定相同。同时还需要注意区分低合金结构钢服役的宏观环境和局部微环境，如缝隙区域的离子浓缩和 pH 值改变，其将极大程度影响腐蚀疲劳及裂纹扩展过程。

2.5　小结

正确的腐蚀试验与评价方法选定是极其重要的。在发展高品质低合金结构钢的冶金流程中，腐蚀试验方法选择的对与错，评价标准的宽与严，直接关系到低合金结构钢的质量和在服役中的腐蚀寿命。低合金结构钢在实际服役中，经常发生的腐蚀类型有均匀腐蚀、点蚀、电偶腐蚀、缝隙腐蚀、应力腐蚀、腐蚀疲劳和微生物腐蚀，不同的腐蚀类型有着不同的腐蚀试验与评价方法，尤其是点蚀、电偶腐蚀、缝隙腐蚀、应力腐蚀、腐蚀疲劳和微生物腐蚀为典型的局部腐蚀类型，各自有着明确的特点与机理，不能用均匀腐蚀的评价方法取代这些局部腐蚀类型的评价方法；否则，将导致巨大的评价误差，甚至相反的结论。这一现象在工程实际中经常发生，例如，仅仅采用户外暴晒和均匀腐蚀的失重方法对低合金高强度螺栓钢进行腐蚀试验与评估的案例时有发生，但这种评价是完全错误的，因为螺栓钢的主要类型为缝隙腐蚀、应力腐蚀或腐蚀疲劳，必须采用缝隙腐蚀、应力腐蚀或腐蚀疲劳的试验与评价方法，才能生产出高品质长寿命的螺栓钢。

根据低合金结构钢构件的实际用途与功能，正确分析其服役中可能出现的腐蚀类型，以此为基础，正确选定腐蚀试验与评价方法。这种以腐蚀试验与评价作为低合金结构钢生产质量全流程控制与评价的新技术，是发展高品质长寿命低合金结构钢的关键基础之一。

3 低合金结构钢腐蚀试验与评价新技术

近年来，国际上腐蚀研究的主要趋势之一是：现代物理微观理论与实验技术的深度融合，产生了系列化的新的微观表征技术和设备，包括各种现代微区电化学测试分析设备、原子尺度上的先进的材料微观分析与观察设备、现代物理学的物相表征技术和先进的环境因素测量装备。目前在这一领域，不仅一系列的标准化、规范化的材料腐蚀与防护技术的观测、分析、表征、测试与评价研究方法和实验技术已经建立，而且大批相关标准与规范方法与技术正在发展过程中。无论是材料腐蚀基础理论和机理研究，还是发展以耐蚀低合金结构钢为代表的防护技术，必须依赖于新的实验方法与技术的建立，才能为本学科所有理论、技术和方法建立提供更加坚实的基础，从而保持本学科的先进性。

另外，近年来"大数据理论与技术"的发展，推动了"腐蚀大数据理论与技术"体系的建立与发展。"腐蚀大数据"就是大通量采集到的多种格式的与材料腐蚀过程相关的数据，"腐蚀大数据技术"体系是指这些大数据的采集、无线传输、建库、建模、仿真与共享技术体系。建立"腐蚀大数据技术"体系的目的是大幅度缩短新材料的研发时间和成本，大幅度提高新材料品质。

本章主要内容是探讨现代微区电化学测试分析设备、原子尺度上的先进的材料微观分析与观察设备、现代物理学的物相表征技术和先进的环境因素测量装备，以及"腐蚀大数据理论与技术"体系在新型低合金结构钢研发上的应用，力图为高品质低合金结构钢新品种研发提供更加先进的技术基础。由于低合金结构钢的腐蚀一般起源于其微纳米尺寸缺陷，以上现代微区测试技术的成功应用，是发展高品质耐蚀结构钢的关键。

3.1 腐蚀微区形貌观察技术

3.1.1 数码相机

用于观察和拍摄腐蚀产物宏观形貌和腐蚀产物清除后的腐蚀形貌，要求不低于1600万像素。

3.1.2 显微镜

根据腐蚀产物微观形貌和腐蚀产物清除后的腐蚀微观形貌观察和拍摄的需求，选用普通光学显微镜、偏光显微镜、红外显微镜、超声显微镜、体视显微镜、共聚焦显微镜等。

（1）普通光学显微镜。放大倍数范围在 40～1600 倍，可接数码照相装置或百万像素数码摄像装置，普通光学显微镜不仅应用于材料领域，而且在生物医学、物理学、化学等其他领域的应用也很广泛，已经成为了解微观世界不可或缺的工具。

（2）偏光显微镜。偏光显微镜是一种研究透明与不透明各向异性材料的显微镜，将普通光改变为偏振光，以鉴别某一物质是单折射性（各向同性）或双折射性（各向异性）。凡具有双折射的物质，在偏光显微镜下就能分辨清楚，可做单偏光观察、正交偏光观察和锥光观察等。它是一种鉴定物质细微结构光学性质的显微镜，被广泛地应用在矿物、高分子、纤维、玻璃、半导体、化学等领域；在生物学中，很多结构也具有双折射性，如鉴别纤维、染色体、纺锤丝、淀粉粒、病菌入侵、细胞壁以及细胞质与组织中是否含有晶体等，都可用偏光显微镜进行鉴别。

（3）红外显微镜。红外显微镜是用红外线作为光源的显微镜，许多矿物在可见光中不透明，而在红外线中是透明的，利用红外显微镜可以测定这些矿物的双折射率、消光角、轴性及光轴角等光学常数。有的红外线显微镜是在偏光显微镜上安装红外光附件，既可进行红外线照射下的矿物研究，又可进行普通的偏光观察。

（4）体视显微镜。体视显微镜是一种具有正像立体感的显微镜，是由金相显微镜和摄像台组成的光学成像系统，其用途是使金相试样或照片形成图像。体视显微镜可直接对金相试样进行定量金相分析；摄像台的光学系统在 CCD 上成像并实现光电转换和扫描，图像信号取出后放大，并采用伪彩色处理，把 256 个灰度级转换成对应的彩色，使灰度很接近的细节和其周围环境或其他细节易于识别，从而改善图像，更利于计算机处理多特征物图像。被广泛地应用于材料宏观表面观察、失效分析、断口分析等领域。目前，已经被广泛地应用于材料学、生物学、医学和工业各部门。

（5）超声显微镜。超声显微镜是一种利用样品声学性能的差别，用声成像的方法来生成高反差、高放大倍率的超声像的装置，入射到物体上的声波要发生反射、折射、衍射和吸收等声学现象，经历这些现象的声波因与物体发生相互作用而含有物体的信息，利用声波的某些物理效应把含有新信息的声波显示出来就实现了声成像。有吸收式超声显微镜、激光扫描法超声显微镜和布拉格衍射成像法超声显微镜等。用于显示材料内部的微小结构，能观察材料内部与声学性质差别有关的结构，这是用普通光学显微镜和电子显微镜所不能观察到的。超声显微镜与光学显微镜和电子显微镜相互补充，为增进对物质性质的了解提供了一种新工具。超声显微镜的分辨率和光学显微镜相近，经放大肉眼便可直观。超声显微镜的用途：在生物学和医学上，可以进行活体观察；在微电子学上，可对大规模集成电路不同层次（包括层间细节）进行非破坏性观察；在材料科学上，样品表面不必抛光腐蚀，声像能显示出明显的晶粒间界、合金内不同组分的区域。

（6）共焦显微镜。从一个点光源发射的探测光通过透镜聚焦到被观测物体上，如果物体恰在焦点上，那么反射光通过原透镜应当汇聚回到光源，这就是共聚焦。利用共聚焦原理，通过移动透镜系统可以对一个半透明的物体进行三维扫描，可以得到无比精确的三维成像，甚至可以对亚细胞结构和动力学过程精准测试。

激光扫描共聚焦显微镜是 20 世纪 80 年代发展起来的一项具有划时代的高科技产品，它是在荧光显微镜成像基础上加装了激光扫描装置，利用计算机进行图像处理，把光学成像的分辨率提高了 30% ~40%，使用紫外或可见光激发荧光探针，从而得到细胞或组织内部微细结构的荧光图像，在亚细胞水平上观察 Ca^{2+}、pH 值、膜电位等生理信号及细胞形态的变化，成为分子生物学、神经科学、药理学、遗传学共聚焦显微镜等领域中新一代强有力的研究工具。激光共聚焦成像系统能够用于观察各种染色、非染色和荧光标记的组织和细胞等，观察研究组织切片，细胞活体的生长发育特征，研究测定细胞内物质运输和能量转换，完成图像分析和三维重建等分析，涉及医学、生物学、材料学、电子科学、力学、地质学、矿产学等。

3.1.3 电子显微镜

用于表征腐蚀产物的微观形貌，根据对腐蚀产物形貌观察及更高放大倍数的需求，选取扫描电子显微镜、场发射扫描电子显微镜、透射电子显微镜和原子力显微镜等。

（1）扫描电子显微镜（SEM）。依据电子与物质的相互作用，当一束高能的入射电子轰击物质表面时，被激发的区域将产生二次电子、俄歇电子、特征 X 射线、连续谱 X 射线、背散射电子、透射电子，以及在可见、紫外、红外光区域产生的电磁辐射。同时，也可产生电子-空穴对、晶格振动（声子）、电子振荡（等离子体）。利用电子和物质的相互作用，可以获取被测样品本身的各种物理、化学性质信息，如形貌、组成、晶体结构、电子结构和内部电场或磁场，等等。扫描电子显微镜正是利用这一原理，采用不同性质的检测器，使选择检测得以实现，如对二次电子、背散射电子的采集，可得到物质微观形貌的信息；对 X 射线的采集，可得到物质化学成分的信息。因此，根据不同需求，可制造出功能配置不同的扫描电子显微镜。扫描电子显微镜是 1965 年发明的，主要是利用二次电子信号成像来观察样品的表面形态，用极狭窄的电子束去扫描样品，探测样品的二次电子发射。二次电子能够产生样品表面放大的形貌像，扫描时按时序建立起来后，即获得样品的表面放大像，其放大倍率通常在几万至几十万倍。

（2）场发射扫描电子显微镜（FE-SEM）。具有超高分辨率，能做各种固态样品表面形貌的二次电子像、反射电子像观察及图像处理。利用二次电子成像原理，在镀膜或不镀膜的基础上，低电压下通过在纳米尺度上观察生物样品，如组织、细胞、微生物以及生物大分子等，获得超高清晰的、原貌的、立体感极强的样品表面超微形貌结构信息。具有高性能 X 射线能谱仪，能同时进行样品表层的微区点线面元素的定性、半定量及定量分析，具有形貌、化学组分综合分析能力。其最大特点是具备超高分辨扫描图像观察能力，尤其是采用最新数字化图像处理技术，提供高倍数、高分辨扫描图像，并能即时打印或存盘输出，是纳米材料粒径测试和形貌观察的最有效仪器。

（3）透射电子显微镜（TEM）。1932 年 Ruska 发明了以电子束为光源的透射电子显微镜，电子束的波长要比可见光和紫外光短得多，并且电子束的波长与发射电子束的电压平方根成反比，电压越高波长越短。第一台商用 TEM 于 1939 年研制成功。透射电子显微镜是把经加速和聚集的电子束投射到非常薄的样品上，电子与样品中的原子碰撞而改变方向，从而产生立体角散射。散射角的大小与样品的密度、厚度相关，可以形成明暗不同的影像，影像在放大、聚焦后在成像器件上显示出来。由于电子的德布罗意波长非常短，透射电子显微镜的分辨率比光学显微镜高很多，放大倍数为几万至几百万倍。因此，使用透射电子显微镜可以用于观察样品的精细结构，可以观察仅仅一原子的排列结构，比光学显微镜所能够观察到的最小的结构小数万倍。

（4）冷冻电镜（cryo-microscopy）通常是在普通透射电镜上加装样品冷冻设备，将样品冷却到液氮温度（77K），用于观测蛋白、生物切片等对温度敏感的样品。通过对样品的冷冻，可以降低电子束对样品的损伤，减小样品的形变，从而得到更加真实的样品形貌。

（5）场离子显微镜（FIM）。场离子显微镜是最早达到原子分辨率，也就是最早能看得到原子尺度的显微镜。FIM 成像前，样品需要先处理成针状，针的末端曲率半径约在 20 ~ 100nm。工作时首先将容器抽到 1.33×10^{-6} Pa 的真空度，然后通入压力约 1.33×10^{-1} Pa 的成像气体，如惰性气体氦。场离子显微镜与通常的高分辨率电子显微镜性质不同，它成像时不使用磁或静电透镜，是由所谓成像气体的"场电离"过程来完成的。在样品加上足够高的电压时，气体原子发生极化和电离，荧光屏上即可显示尖端表层原子的清晰图像，图像中每一个亮点都是单个原子的像。

FIM 是 1956 年由 E. W. Mueller 发明的，由 FEM（Field Emission Microscope）发展来的。FEM 的样品同样也为针状，在真空的环境中成像，不过样品上加的是负的高压，样品达到足够的负高压时，会放出电子打到荧光幕产生亮点，而这个亮点代表的并非一颗原子，而是样品上一片区域，这个区域的电子在同样的负高压作用下都会射出电子。因为电子在横向（和样品表面平行的方向）速度分量造成绕射，所以 FEM 的分辨率只能达到 2~2.5nm（要看到原子分辨率至少要小于 0.1nm）。加了成像气体用正高压使其解离成阳离子，并被加速射到屏幕，成像气体比电子重，而且在低温的情况下，其横向速度分量小多了，提高了分辨率，这就是 FIM。

1967 年，E. W. Mueller 又设计出"原子探针场离子显微镜"（atom probe FIM，APFIM），它是由场离子显微镜与飞行时间（TOF）质谱仪组成的一种联合分析装置。APFIM 的优点在于它不仅能观察表面单个原子的行为，而且可通过脉冲高压使表面原子"场蒸发"的办法，将被观察的原子逐个进行"剥离"，并对其作质量分析，确定它的质量数。这就使 FIM 的研究不仅可以进行三维立体观测，而且进入到定量化的阶段。目前，APFIM 已有多种形式，常见的有飞行时间型（直线型和静电偏转型）、磁场偏转型以及直接成像型等。最近，为解决导电性较差的半导体和绝缘体材料对瞬时脉冲"场蒸发"的困难，已发展出一种新的脉冲激光型 APFIM，并已显出广阔应用前景。FIM 以及 APFIM 不仅可用于观察固体表面原子的排列，研究各种晶体缺陷（空位、位错以及晶界等），而且利用场蒸发还能观察从表面到体内的原子的三维分布状况。早期的 FIM 研究，主要着重于金属表面的结构缺陷、合金的晶界、偏析以及有序-无序相变和辐照损伤等，现在已逐步扩展到表面吸附、表面扩散、表面原子相互作用，以及由温度或电场诱导的各种表面超结构的研究。

（6）原子力显微镜（AFM）。一种可用来研究包括绝缘体在内的固体材料表面结构的分析仪器。它主要由带针尖的微悬臂、微悬臂运动检测装置、监控其运动的反馈回路、使样品进行扫描的压电陶瓷扫描器件、计算机控制的图像采集、显示及处理等系统组成。微悬臂运动可用如隧道电流检测等电学方法或光束偏转法、干涉法等光学方法检测，当针尖与样品充分接近、相互之间存在短程相互斥力时，检测该斥力可获得表面原子级分辨图像，一般情况下分辨率也在纳米级水平。AFM 测量对样品无特殊要求，不需要对样品进行特殊处理，仅在大气环境下就可测量固体表面、吸附体系等，得到三维表面粗糙度等信息。原子力显微镜既可以观察导体，也可以观察非导体，从而弥补了扫描隧道显微镜的不足。

原子力显微镜是 C. Quate 等人于 1985 年发明的，其目的是为了使非导体也可以采用类似扫描探针显微镜（SPM）的观测方法。原子力显微镜（AFM）与扫描隧道显微镜（STM）最大的差别在于并非利用电子隧穿效应，而是检测原子之间的接触、原子键合和范德瓦耳斯力或卡西米尔效应等来呈现样品的表面特性。

相对于扫描电子显微镜，原子力显微镜具有许多优点。第一，不同于电子显微镜只能提供二维图像，AFM 提供真正的三维表面图；第二，AFM 不需要对样品的任何特殊处理，如镀铜或喷碳，这种处理对样品会造成损伤；第三，电子显微镜需要运行在高真空条件下，原子力显微镜在常压下甚至在液体环境下都可以良好工作，这样就可以用来研究生物宏观分子，甚至活的生物组织。原子力显微镜是继扫描隧道显微镜（scanning tunneling microscope）之后发明的一种具有原子级高分辨的新型仪器，可以在大气和液体环境下对各种材料和样品进行纳米区域的物理性质和形貌进行探测，或者直接进行纳米操纵；现已广泛应用于半导体、纳米材料、生物、化工、食品、医药等领域中。扫描力显微镜（scanning force microscope）的基础就是原子力显微镜。

（7）扫描隧道显微镜（STM）。作为一种扫描探针显微工具，扫描隧道显微镜可以观察和定位单个原子，具有比同类原子力显微镜更加高的分辨率。此外，扫描隧道显微镜在低温下（4K）可以利用探针尖端精确操纵原子，因此，在纳米科技中它既是重要的测量工具又是加工工具。STM 使人类第一次能够实时地观察单个原子在物质表面的排列状态和与表面电子行为有关的物化性质。其工作原理简单得出乎意料：如同一根唱针扫过一张唱片，一根探针慢慢地通过要被分析的材料（针尖极为尖锐，仅仅由一个原子组成）时，一个小小的电荷被放置在探针上，一股电流从探针流出，通过整个材料到底层表面。当探针通过单个的原子，流过探针的电流量便有所不同，这些变化被记录下来。电流在流过一个原子的时候有涨有落，如此便极其细致地探出它的轮廓。

在扫描隧道显微镜（STM）观测样品的过程中，扫描探针的结构所起的作用是很重要的。针尖的尺寸、形状及化学同一性不仅影响 STM 图像的分辨率，而且还关系到电子结构的测量。因此，精确地观测描述针尖的几何形状与电子特性极其重要。曾采用一些其他技术手段来观察扫描隧道显微镜（STM）针尖的微观形貌，如 SEM、TEM、FIM 等。SEM 一般只能提供微米或亚微米级的形貌信息，对于原子级的微观结构观察是远远不够的。虽然用高分辨 TEM 可以得到原子级的样品图像，但用于观察扫描隧道显微镜（STM）针尖也很困难，因为它的原子级分辨率也只是勉强达到的。只有 FIM 能在原子级分辨率下观察扫描隧道显微镜（STM）金属针尖的顶端形貌，因而成为扫描隧道显微镜（STM）针尖的有效观测工具。樱井利夫等人利用了 FIM 的这一优势制成了 FIM-STM 联用装置，可以通过 FIM 在原子级水平上观测扫描隧道显微镜（STM）扫描针尖的几何形状。这使得人们能够在确知扫描隧道显微镜（STM）针尖状态的情况下进行实验，从而提高了使用扫描隧道显微镜（STM）仪器的有效率。

3.2　腐蚀微区物相分析技术

对低合金结构钢在自然环境和工业环境或其他腐蚀环境中形成的腐蚀产物进

行分析表征，特别是微区的腐蚀产物，有助于对腐蚀过程及腐蚀规律进行准确分析，对低合金结构钢在制造过程中的质量控制及制备工艺改进，以及对低合金结构钢构件在服役环境中耐蚀性能的评定都十分重要。

根据实际需要，选取其中一种或多种分析及表征手段用于腐蚀产物的分析。

能谱分析仪：主要用于腐蚀产物的组成元素分析。工作模式有点扫描、线扫描、面扫描等，通常使用电子显微镜自带的能谱分析仪对腐蚀产物进行分析。

X 射线衍射分析仪：用于腐蚀产物的物相及晶体结构的定性及定量分析。

X 射线光电子分析仪：用于腐蚀产物表面元素价态及组成成分分析，同样适用于低合金钢在钝化体系中表面膜的表征。

激光拉曼光谱分析仪：用于腐蚀产物中官能基团的结构信息分析，适用于低合金结构钢表面腐蚀产物组成成分的快速、精准分析。

飞行时间二次离子质子分析仪：用于腐蚀产物表面组成成分分析，适用于含氢腐蚀产物的分析。

对于低合金钢腐蚀产物的分析，一般分为宏观形貌分析、微观形貌分析、锈层元素分析以及锈层组成分析等分析方法，低合金结构钢的腐蚀产物一般分为内外层两层，对锈层的分析需要对内外层同时分析。

3.2.1 腐蚀产物宏观观察

宏观形貌一般指通过肉眼、数码相机或低倍显微镜观察到的形貌，通常放大倍数 40 倍以下。

腐蚀产物颜色分析：锈层颜色在一定程度上反映了锈层组成，常见的锈层颜色有黑色、红棕色、黑褐色、淡褐色、橙黄色、紫色、暗绿色等颜色。通常可用表 3-1 中腐蚀产物（锈层）颜色初步评估锈层成分及晶系。

表 3-1　腐蚀产物性质

分子式	矿物名称	颜　色	晶　系
Fe_3O_4	磁铁矿	黑色四面体	尖晶石
$\alpha\text{-}Fe_2O_3$	赤铁矿	红棕色	三方石
$\alpha\text{-}FeOOH$	针铁矿	黑褐色针状	正方晶
$\beta\text{-}FeOOH$	正方针铁矿	淡褐色针状	斜方晶
$\gamma\text{-}FeOOH$	纤铁矿	橙黄色针状	斜方晶
$FeOCl$	氯化铁矿	紫色片状	正方晶
GR * (1)	绿锈1	暗绿	菱形

腐蚀产物状态分析：根据肉眼观察腐蚀产物为点状、絮状、簇状或成片状形态。

腐蚀产物位置分析：对于特殊构件的腐蚀形貌，如产生点腐蚀、应力腐蚀、缝隙腐蚀、电偶腐蚀等，在拍摄腐蚀形貌时根据腐蚀产物相对位置加以分析。

3.2.2　腐蚀产物微观观察

腐蚀产物表面微观形貌可利用光学显微镜、共聚焦显微镜、体视显微镜、扫描电镜、透射电镜等观察。利用共聚焦显微镜或体视显微镜可以获取锈层 3D 形貌；利用扫描显微镜观察锈层形貌时，对试样表面锈层导电性有一定的要求，通常需要表面喷金之后再置于扫描电镜下观察。

腐蚀产物截面微观形貌观察与分析，采用腐蚀产物截面微观观察时，需要将带锈试样切割成合适的大小，用环氧树脂或者冷镶粉将截面封装，将试样处理至表面粗糙度 $R_a \leqslant 0.2 \mu m$（建议使用水砂纸，按颗粒度由大到小依次打磨至颗粒度不大于 $6.5 \mu m$ 的砂纸）。使用水磨时注意调整水流大小，以免腐蚀产物被冲刷掉。选取厚度均匀的位置拍摄，并测量锈层厚度。

3.2.3　腐蚀产物微观定量分析

（1）扫描电镜能谱分析方法。扫描电镜分析方法进行腐蚀产物层的成分分析，锈层的成分分析包括表面元素分布分析、元素价态分析、物质组成分析等。低合金钢腐蚀产物元素组成通常为 Fe、O、C、Cr、Ni、Mo、S、Cl、P 等元素；Fe 元素价态有 +2、+3、+8/3 等；组成成分随环境的不同有所差异，通常有磁铁矿 Fe_3O_4、赤铁矿 $\alpha\text{-}Fe_2O_3$、针铁矿 $\alpha\text{-}FeOOH$、正方针铁矿 $\beta\text{-}FeOOH$、纤铁矿 $\gamma\text{-}FeOOH$、氯化铁矿 FeOCl、绿锈 1GR＊（1）等。

能谱分析（EDS）执行 GB/T 17359—2012，将带锈样品切割成尺寸小于 $8cm \times 8cm \times 2cm$ 的块状，将样品进行表面镀金后，放入扫描电子显微镜样品室中，使用 15kV 的加速电压对测试位置进行放大观察，并用 X 射线能谱分析仪对样品进行元素定性半定量分析。分析时可针对特定位置使用点扫描、线扫描、面扫描等扫描方法。

（2）X 射线衍射法。X 射线衍射分析（XRD）是利用 X 射线在晶体中的衍射现象来获得衍射后 X 射线信号特征，经过处理得到衍射图谱。定量分析方法执行 YB/T 5320—2006。对于腐蚀产物 XRD 分析，可使用块状带锈试样以及粉末状腐蚀产物试样。块状带锈试样面积不小于 $10mm \times 10mm$。粉末状样品要求研磨成 320 目粒度，粒径大小约为 $40 \mu m$，样品要求不少于 3g。

（3）X 射线光电子能谱法。X 射线光电子能谱分析（XPS）主要应用是测定电子的结合能来鉴定样品表面的化学性质及组成,其特点是在光电子来自表面10nm以内,仅带出表面的化学信息,具有分析区域小、分析深度浅和不破坏样品的特点。块状样品和薄膜样品,其长、宽应小于 10mm,高度应小于 2mm。对于体积较大的样品则应通过适当方法制备成合适大小的样品。XPS 定量分析需对相应元素的窄扫谱进行分峰拟合,峰位置需结合 NIST 数据库中电子结合能位置来确定。对腐蚀产物的定量分析执行 GB/T 19500—2004。

(4)拉曼光谱法。拉曼光谱分析(Raman spectra)主要用来测试腐蚀产物表面 1~2nm 深度的产物成分。对腐蚀产物分析时一般采用近红外光谱785nm 或 532nm 波段进行分析。拉曼光谱可结合表面层析技术共同使用,也可以对锈层截面进行表征。

(5)离子质子法。飞行时间二次离子质子分析(SIMS)技术通过用一次离子激发样品表面,打出极其微量的二次离子,根据二次离子因不同的质量而飞行到探测器的时间不同来测定离子质量,具有极高分辨率的测量技术。样品最大规格尺寸为 10mm×10mm×5mm,当样品尺寸过大时需切割取样。对于试样制备及安装,参照 ASTM E1078—2009 表面分析中试样制备和安装程序的标准指南;对于质谱数据报告标准规范,参照 ASTM E1504—2011 次级离子质谱(SIMS)测定中质谱数据报告的标准规范;对于表面分析样品处置方法,参照 ASTM E1829—2009 先于表面分析的样品处置标准指南。

3.3 腐蚀微区电化学测量技术

近年来,人们一直在探索局部电化学腐蚀过程的研究。微区电化学探测技术主要有原子力显微镜(AFM)、扫描开尔文探针测量技术(SKP)、扫描振动参比电极技术(SVET)、扫描电化学显微镜(SECM)和局部电化学交流阻抗谱(LEIS)。其中由于 SKP 能够不接触、无损伤地检测金属或半导体表面的电位分布,给出体系的微区变化信息,有较高的灵敏度和分辨率,可以用于测定气相环境中极薄液层下金属的腐蚀电位,为大气腐蚀研究提供了有力的工具。

3.3.1 电流敏感度原子力显微镜技术

在研究钢中不同相之间可能形成的腐蚀电偶作用时,首先要对钢中物相的电流敏感度进行测试。如果所研究的物相不具有导电性,就无法和周围物相构成腐蚀电偶。在实验过程中一般使用电流敏感度原子力显微镜技术(CSAFM),在实验工程中通过在试样上添加外置电压,然后利用原子力探针检测试样表面的电流信号,以检测试样的电流敏感度。

3.3.2 扫描开尔文探针测量技术

在研究材料局部电势的区别时，可以利用扫描开尔文探针测量技术（SKP）或扫描开尔文探针力显微镜（SKPFM）等技术对试样进行测量。开尔文探针是一种无接触、无破坏性的仪器，可以用于测量金属表面与试样探针之间的功函差。该技术通过一个震动电容探针来工作，通过调节一个外加的前级电压可以测量出样品表面和扫面探针的参比针尖之间的功函数，进而推算出试样表面不同区域的电势差异。

3.3.3 扫描振动电极技术

在材料腐蚀发生的过程中可以通过对局部腐蚀电流的测量和表征进一步来研究腐蚀的发展情况。扫描振动电极技术（SVET）是使用扫描振动探针在不接触样品表面的情况下，测量局部腐蚀电流随位置的变化的一种先进技术。试样在溶液中的腐蚀过程中，电解质溶液中的金属材料由于表面存在局部阴阳极，在电解液中形成离子电流，从而形成表面电位差，通过欧姆定律计算进而将其转化为离子电流密度，在腐蚀过程中可以用该离子电流密度表征局部腐蚀电流密度。

20 世纪 70 年代 SVET 开始应用于腐蚀研究，近几年在有机涂层腐蚀防护作用和材料局部腐蚀方面的研究相当活跃。扫描振动电极技术（SVET）是使用扫描振动探针（SVP）在不接触待测样品表面的情况下，测量局部（电流，电位）随远离被测电极表面位置的变化，检定样品在液下局部腐蚀电位的一种先进技术。测量原理如图 3-1 所示，电解质溶液中的金属材料由于表面存在局部阴阳极在电解液中形成离子电流，从而形成表面电位差，通过测量表面电位梯度和离子电流探测金属的局部腐蚀性能。SVP 系统具有高灵敏度、非破坏性、可进行电化学活性测量的特点。它可进行线或面扫描、局部腐蚀（如点蚀和应力腐蚀的产生、发展等）、表面涂层及缓蚀剂的评价等方面的研究。

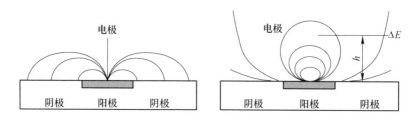

图 3-1　SVET 测量原理

H. N. McMurray[2] 等利用微观组织分析和 SVET 技术相结合研究了镀锌钢板

切割边缘的局部腐蚀机理, 通过对不同冷却速率下镀锌钢板不同区域的 SVET 空间扫描图像的对比, 建立了涂镀层成分与材料抗腐蚀性能之间的联系, 并有效区分了涂层表面和切割边缘之间的腐蚀性差异。Souto[3,4] 等利用 SVET 研究了 Na_2SO_4 溶液中的锌/铁电偶腐蚀。SVET 通过探测局部阴阳极离子电流, 得到了锌/铁电偶腐蚀的离子电流密度分布, 如图 3-2 所示, 对试验结果进行分析, 认为电偶腐蚀的阳极反应为锌的氧化, 且腐蚀反应只发生于锌电极的局部区域, 阴极反应为铁电极上氧气的还原反应, 均匀发生于电极表面。将不同浸泡时间试样的 SVET 扫描图像进行对比, 发现局部腐蚀电流随着浸泡时间的推移而逐渐变得平缓, 阳极反应始终集中于锌电极的一个局部发生。

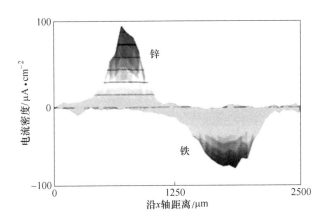

图 3-2 锌/铁电偶在 0.1mol/L Na_2SO_4 溶液中的离子电流分布

Vignal[5] 等应用微电池技术和 SVET 相结合模拟研究了不锈钢的点蚀, SVET 电流扫描图像显示, 阳极电流总是出现于材料表面的缺陷处, 此缺陷由 MnS 夹杂的溶解引起, 如图 3-3 所示。Tang[6] 等用 SVET 和 LEIS 技术相结合研究了含有划痕、机械孔洞和腐蚀孔等表面缺陷的 X70 管线钢的局部电化学溶解行为。在碱性溶液中对材料进行阳极极化, 极化到点蚀电位以上后材料表面产生腐蚀孔, 如图 3-4 所示, SVET 扫描图像显示, 在孔蚀处出现很高的局部溶解电流峰, 与 LEIS 测试结果一致, 说明高 pH 值溶液中孔蚀处的局部溶解速度很快。

薛丽莉[7] 等应用电化学阻抗谱和 SVET 研究了碳钢基体上含人造缺陷的水性环氧铝粉涂层在 NaCl 溶液中的腐蚀电化学行为, EIS 与 SVET 联合使用有利于更深入地研究有机涂层的腐蚀失效机理。结果显示, 浸泡初期缺陷处的钢基体作为阳极区首先产生腐蚀, 并向边缘扩展; 之后, 由于腐蚀产物的自修复作用使整个涂层/金属电化学反应活性降低; 浸泡后期, 由于腐蚀介质渗入到涂层/基体界

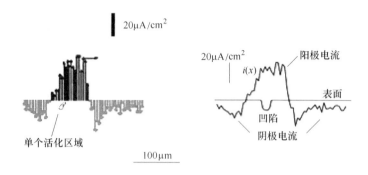

图 3-3　MnS 夹杂附近的 SVET 电流密度扫描图像

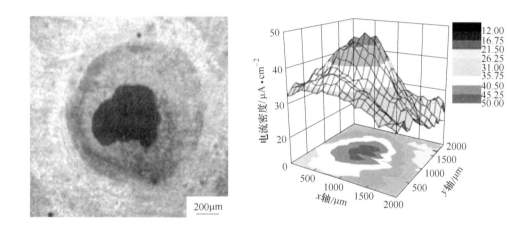

图 3-4　管线钢表面产生的点蚀坑以及此处的 SVET 电流密度扫描图像

面，出现更多的阳极活性区，涂层产生破坏剥离。

3.3.4 · 扫描电化学显微镜技术

扫描电化学显微镜技术（SECM）是基于扫描隧道显微镜发展而来的电化学原位测试技术。可以在溶液体系中对研究系统进行实时、原位、三维空间的观测。当微探针在非常靠近基底电极表面扫描时，扫描微探针的氧化还原电流具有反馈的特性，并直接与溶液组分、微探针与基底表面距离，以及基底电极表面特性等密切相关。因此，扫描测量在基底电极表面不同位置上微探针的法拉第电流图像，即可直接表征基底电极表面形貌和电化学活性分布。

SECM 的最大特点是可以在溶液体系中对研究系统进行实时、现场、三维空间观测，有独特的化学灵敏性，不但可以测量探头和基底之间的异相反应动力学过程及本体溶液中的均相反应动力学过程，还可以通过反馈电信号描绘基底的表面形貌，研究腐蚀和晶体溶解等复杂过程。

近年来，利用扫描电化学显微镜对金属腐蚀的研究取得了一定的发展，针对金属腐蚀的几个过程，可以对腐蚀微观过程进行表征。SECM 已经被广泛地应用于金属表面涂层完整性的研究。Katemann 等[8]应用 SECM 的交变电流模式，研究了涂漆铁皮表面有机涂层的完整性，由探针和试样组成双电极体系，对探针施加高频正弦交流电探测体系的电流变化，得到阻抗信息，如图 3-5 所示。纵坐标为测量的阻抗模值 Z_d 与完整涂层阻抗模值 Z_0 的比值。线扫描的中心区域阻抗值明显小于其他区域，说明此处存在涂层缺陷。

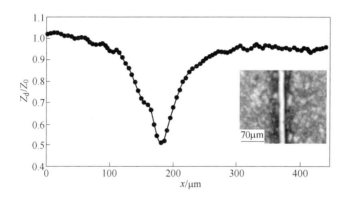

图 3-5　微观划痕处的 AC-SECM 线扫描图像

Souto 等人用 SECM 研究了溶液中特定离子（如 Cl^-、SO_4^{2-}、NO_3^-）对材料表面涂层变化的影响，浸泡时间小于 1 天时发现含有 Cl^- 的溶液中涂层表面粗糙度增加，而只含有 SO_4^{2-} 和 NO_3^- 的溶液中在相同的时间内材料表面无明显变化，如图 3-6 所示，分析认为，随着水分的吸收离子发生迁移，由于 Cl^- 的存在使涂层发生了鼓泡的形核和生长；用 SECM 反馈模式对镀锌钢板的锌基涂层在含 Cl^- 的溶液中的形貌进行了探测，研究表明，当 Cl^- 的浓度超过 0.1mol/L 时，浸泡时间在 24 小时之内涂层即发生降解。

近年来，SECM 已经广泛应用于点蚀、电偶腐蚀缝隙腐蚀和应力腐蚀的机理和防护技术研究中。

3.3.5　局部交流阻抗测量

局部交流阻抗测量（LEIS）能精确确定局部区域固/液界面的阻抗行为及相应参数，如局部腐蚀速率、涂层（有机、无机）完整性和均匀性、涂层下或与

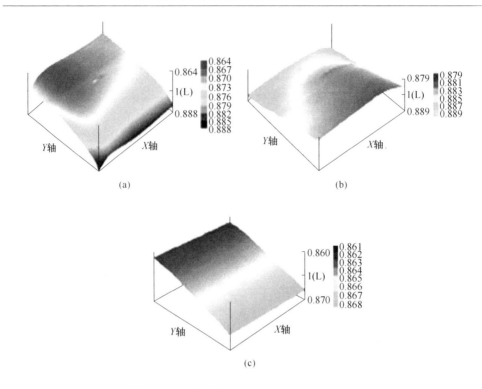

图 3-6　镀有有机镀层的钢卷分别在（a）0.1mol/L KCl，（b）0.1mol/L K$_2$SO$_4$，

（c）0.1mol/L KNO$_3$ 溶液中的 SECM 扫描图像，Z 轴方向为探针电流（nA）

金属界面间的局部腐蚀、缓蚀剂性能及不锈钢钝化/再钝化等多种电化学界面特性。其原理是向被测电极施加一微扰电压，从而感生出交变电流，通过使用两个铂微电机确定金属表面上局部溶液交流电流密度来测量局部阻抗。其弥补了传统电化学阻抗技术（EIS）只能反应所测面积整体平均信息的缺陷，原理如图 3-7 所示。

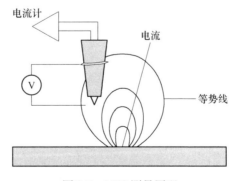

图 3-7　LEIS 测量原理

测定两电极之间的电压 ΔV_{loc}，可以由欧姆定律来求得局部交流电流密度 i_{loc}：

$$i_{loc} = \frac{\Delta V_{loc} \kappa}{d} \qquad (3\text{-}1)$$

式中，κ 为电解质溶液的导电率；d 为两个铂电极之间的距离。

则局部交流阻抗 Z_{loc} 由下述关系式给出：

$$Z_{loc} = \frac{V_{loc}}{i_{loc}} = \frac{V_{loc} d}{\Delta V_{loc} \kappa} \qquad (3\text{-}2)$$

式中，V_{loc} 为所施加的微扰电压。

LEIS 在 20 世纪 90 年代开始应用于金属腐蚀机理的研究。Zou 等对含有机涂层的碳钢在 NaCl 溶液中浸泡不同时间的 Nyquist 图进行对比后发现，虽然 8h 后涂层产生明显的鼓泡现象，但是 EIS 探测结果与未鼓泡之前并无明显差别，高频区都为一个时间常数的容抗弧，分析认为鼓泡的产生并不影响涂层的连续性。由于与涂层较高的阻抗（>100 MΩ·cm²）相比，鼓泡区的微小变化基本上可以忽略，因此宏观电化学阻抗技术无法探测有机涂层的鼓泡等变化，需要 LEIS 对涂层鼓泡区进行探测。LEIS 扫描图像显示随着浸泡时间的延长，高频区的鼓泡微区阻抗降低，分析认为降低的原因是此区域水的快速扩散引起涂层电容的变化。Aragon 等[10] 研究发现，用宏观 EIS 研究碳钢表面有机涂层的分层时无法确定分层的面积，因此需要辅以 LEIS 技术。如图 3-8 所示在盐雾中暴露不同时间后的试样 5kHz 下的微区导纳扫描图像，与未时效处理的试样相比，20 天后的划线边缘处出现台阶，30 天后台阶更加明显，50 天后虽然台阶消失，但是基线导纳与处理前相比变高，可见微区阻抗图像能够显示划痕处腐蚀产物的聚集情况和划线标记处的涂层分层面积。分析认为，腐蚀产物的堆积和氧在涂层中的扩散对涂层

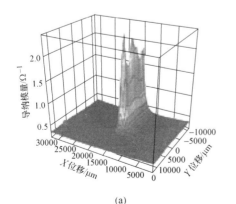

(a)

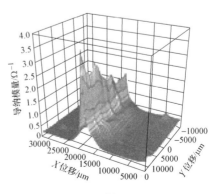

(b)

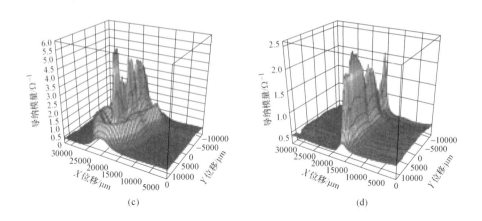

图 3-8　表面涂覆有机涂层的碳钢上预制 V 形缺陷后分别在盐雾中暴露 0 天（a）、
20 天（b）、30 天（c）、50 天（d）后的微区导纳扫描图像

分层的扩展具有重要作用。

　　Annergren 等[11]利用 LEIS 与宏观 EIS 相结合研究了点蚀形核和扩展的动力学规律。研究认为，LEIS 的优点是能够探测钝化区域中的微小点蚀坑，而宏观 EIS只能测量具有宏观尺度的点蚀。宏观交流阻抗谱与点蚀微区阻抗谱对比分析如图3-9 所示。发现铁铬合金点蚀的扩展与阳极溶解具有相似的溶解途径，点蚀生长过程中产生一层盐膜，内层为具有较高电导率的致密薄膜，外层为多孔的欧姆电导膜，合金中钼元素的存在能够促进盐膜的形成。

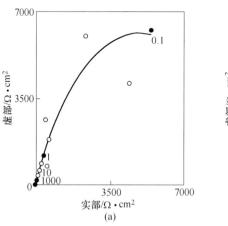

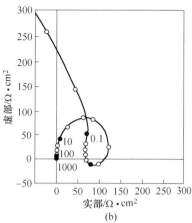

图 3-9　含钼的铁铬合金在 10mmol/L NaCl 溶液中的 Nyquist 图
（a）EIS；（b）LEIS

Li 等[12]对管线钢 U 形弯试样进行了宏观电化学和微区交流阻抗研究。研究认为，LEIS 能够很好地反映腐蚀随应力的变化规律。在高 pH 值下，变形引起的应力能够抑制点蚀的产生和裂纹的扩展，主要因为应力区的溶解加速产生了更多的碳酸盐产物，有表面阻碍效应。拉应力更能促进材料的溶解，产生更多的碳酸盐，因而具有更高的局部阻抗值。在 U 形弯试样的中心区域产生了更多的点蚀坑，进一步证明了变形应力与腐蚀的关系。

3.4 腐蚀大数据及其评价技术

近年来，国内外"材料基因工程"（MGE）的新理念和模式得到快速发展，采用这种方法可以大幅度缩短新型耐蚀低合金结构钢的研发时间，提高其产品质量。材料基因工程的核心内容是：通过并发式计算和集成计算材料工程（ICME）加速新材料研发。但是，基于 ICME 开展耐蚀材料设计需要海量腐蚀数据支撑，美国、欧洲已开展 ICME 的研究中仅从材料成分-结构及热力学角度判断材料耐蚀性，没有考虑腐蚀过程的动力学规律及其与服役条件下复杂环境因素之间的交互作用。物联网的智能技术可为 MGE 数据平台提供支撑，依靠云计算、模式识别等先进信息技术可实现实验和计算数据的实时采集与处理。

3.4.1 "腐蚀大数据"理论与技术

什么是"腐蚀大数据"？如图 3-10 所示，图 3-10（a）是传统的碎片化的腐蚀数据获得方式，在青岛、万宁和琼海投试材料，0.5 年、1 年和 2 年取得的腐蚀数据。这些数据获得不仅数据量少、周期长，主要问题是精度差，数据之间发生了什么都不知道，使用拟合的方法进行分析；图 3-10（b）是以秒为单位获得的多种类型大通量腐蚀过程的数据，这就是"腐蚀大数据"。

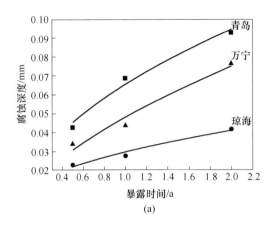

(a)

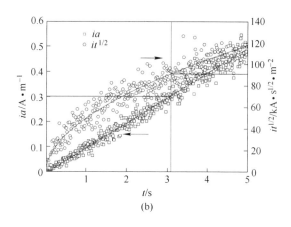

(b)

图 3-10　传统片段化腐蚀数据（a）与"腐蚀大数据"（b）

　　如何才能获得"腐蚀大数据"呢？如图 3-11 所示，图 3-11（a）是温湿度传感器和腐蚀电流传感器，图 3-11（b）是获得的"腐蚀大数据"结果，红线是腐蚀电流数据，绿线是湿度数据，蓝线是温度数据，黑线是空气污染数据。将以上探测器放置在被测区域，所测信号经过放大、标定和无线传输后直接进入数据库平台。入库后，数据需要经过机器学习、降维处理、建立模型和用于仿真计算，最后实现共享。因此，"腐蚀大数据"技术流程主要包括获得腐蚀数据、建库、建模、仿真与共享技术。"腐蚀大数据"理论研究的主要内容就是利用先进的数学处理工具，进行数据机器学习、降维处理、建模和仿真。

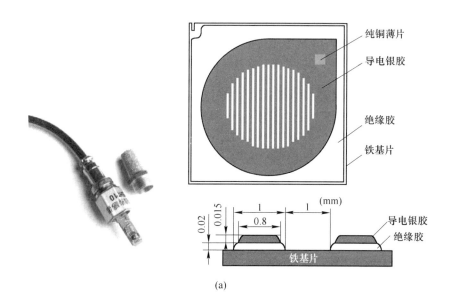

(a)

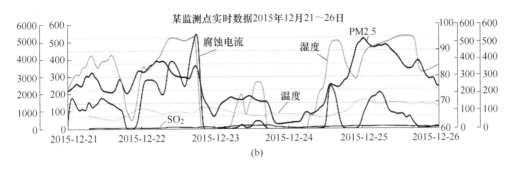

图 3-11 温湿度传感器和腐蚀电流传感器及其监测结果

3.4.2 "腐蚀大数据"评价案例

本案例通过腐蚀大数据实时获取，在线监测 3Ni 型耐候钢与铜偶接后产生的腐蚀电偶电流值大小与变化趋势，寻找发生腐蚀的临界湿度，进而进行该地点的大气环境腐蚀性评估，并与 Q235 碳钢进行对比，进而评价 3Ni 型耐候钢在沿海大气环境下的耐蚀性，为新建大桥的合理选材提供科学性指导。

根据实地监测环境，分别制作适用于大数据探头使用的 3Ni/Cu、Q235/Cu 双电极型传感器，并结合温湿度传感器，在该地点将来建成的大桥桥面所在地进行材料腐蚀数据与环境因素数据的采集，对比并分析 3Ni 型耐候钢在监测周期内的腐蚀状态。每种传感器的数据采集频率为 1.5min/次；传感器腐蚀面朝向海面。温湿度传感器放置于百叶箱内保持通风状态，并使得百叶箱固定于双电极型传感器附近不超过 1m 范围内，数据采集频率与双电极型传感器相同。无线传输数据网络选用 3G 网络，并配备 GPRS 天线，实现对传感器材料的定位与腐蚀状态的远程监控。工作现场如图 3-12 所示。

图 3-12 现场试验装置

开展为时 2 个月的材料腐蚀数据与环境因素数据采集工作，数据采集完成后进行分析，综合评估 3Ni 型耐候钢在沿海环境的耐蚀性，得到了以下三个重要结论：（1）由连续 2 个月的监测可知，腐蚀电流和大气湿度的关系为指数函数关系，发生腐蚀的临界湿度为 69.6%；（2）利用传统数据采集方法，需要 1～16 年的连续监测，才能搞清楚环境因素的影响顺序是温度、湿度、雨水 pH 值、二氧化硫等，10 年以上才能搞清楚环境因素的影响顺序是温度、湿度、氯离子、雨水 pH 值、二氧化硫等影响顺序。（3）与传统室外投样相比，大气腐蚀在线监测技术形成的连续性腐蚀大数据，可在短时间内评价大气环境的腐蚀性，获得大气环境因子对材料腐蚀的促进或抑制效应。通过连续性在线监测获取的腐蚀大数据，有利于发现新的腐蚀规律，更加准确定量化研究腐蚀问题。

3Ni 型耐候钢与 Q235 碳钢的监测结果如图 3-13 所示，两条曲线分别表示 Q235 碳钢和 3Ni 型耐候钢的腐蚀电流的积分值。

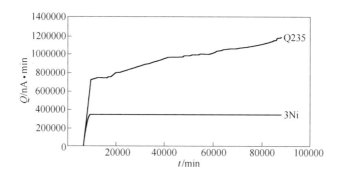

图 3-13　3Ni 钢和 Q235 钢腐蚀电流数据积分结果

从图 3-13 中可以清晰地看出，在腐蚀初期，电流陡升阶段时，Q235 钢的腐蚀量基本是 3Ni 型耐候钢的 2 倍；而后 3Ni 型耐候钢的腐蚀状态趋于平稳，Q235 碳钢的腐蚀量稳定上升；到达监测第 2 个月末时 Q235 碳钢的腐蚀量已经是 3Ni 型耐候钢的 3 倍左右。通过为期 2 个月的监测可知：该海洋大气环境发生腐蚀的临界湿度为 70% 以上，发生腐蚀的时长占据全年时间比重的 67.02%，大气污染物浓度不高，综合评定将来该桥面的大气腐蚀等级为 C3 或 C4 级；监测的初期，3Ni 型耐候钢的腐蚀量约为 Q235 碳钢的 1/2，1 个月后腐蚀量约为 Q235 碳钢的 1/3，监测的中后期，3Ni 型耐候钢很少发生电子转移行为，腐蚀速率随时间增长而变得平缓，腐蚀状态稳定，在腐蚀状态随时间的延伸上展现出了良好的耐蚀性；建议该地 3Ni 型耐候钢不能免涂装使用，需要进行涂层保护施工。

3.5　小结

本章主要探讨现代微区电化学测试分析设备、原子尺度上的先进材料微观分析与观察设备、现代物理学的物相表征技术和先进的环境因素测量装备，以及"腐蚀大数据理论与技术"体系在新型低合金结构钢研发上的应用，力图为高品质低合金结构钢新品种研发提供更加先进的技术基础。由于腐蚀一般起源于钢中微纳米量级的缺陷，以上先进测试技术应用极其关键，代表着高品质低合金结构钢耐蚀性能调控发展的方向。

参 考 文 献

［1］　Fu A Q, Cheng Y F. Characterization of corrosion of X65 pipeline steel under disbonded coating by scanning Kelvin probe ［J］. Corrosion Science, 2009, 51: 914 – 920.

［2］　Worsley D A, McMurray H N, Belghazi A. Determination of localized corrosion mechanisms using a scanning vibrating reference electrode technique ［J］. Chemical Communications, 1997: 2369 – 2370.

［3］　Souto R M, Gonzalez-Garcia Y, Bastos A C. Investigating corrosion processes in the micrometric range: A SVET study of the galvanic corrosion of zinc coupled with iron ［J］. Corrosion Science, 2007, 49 (12): 4568 – 4580.

［4］　Simoes A M, Bastos A C, Souto R M. Use of SVET and SECM to study the galvanic corrosion of an iron-zinc cell ［J］. Corrosion Science, 2007, 49 (2): 726 – 739.

［5］　Krawiec H, Vignal V, Oltra R. Use of the electrochemical microcell technique and the SVET for monitoring pitting corrosion at MnS inclusions ［J］. Electrochemistry Communications, 2004, 6 (7): 655 – 660.

［6］　Tang X, Cheng Y F. Localized dissolution electrochemistry at surface irregularities of pipeline steel ［J］. Applied Surface Science, 2008, 254 (16): 5199 – 5205.

［7］　薛丽莉, 许立坤, 李庆芬, 等. 水性环氧铝粉涂层/碳钢体系的腐蚀电化学行为 ［J］. 电化学, 2007, 13 (2): 171 – 176.

［8］　Katemann B B, Inchauspe C G, Castro P A. Precursor sites for localized corrosion on lacquered tinplates visualized by means of alternating current scanning electrochemical microscopy ［J］. Electrochemical Acta, 2003, 48 (9): 1115 – 1121.

［9］　Zou F, Thierry D. Localized electrochemical impedance spectroscopy for studying the degradation of organic coating ［J］. Electrochemical Acta, 1997, 42 (20): 3293 – 3301.

［10］　Aragon E, Merlatti C, Jorcin J B. Delaminated areas beneath organic coating: A local electrochemical impedance approach ［J］. Corrosion Science, 2006, 48 (7): 1779 – 1790.

[11] Annergren I, Zou F, Thierry D. Application of localized electrochemical techniques to study kinetics of initiation and propagation during pit growth [J]. Electrochemical Acta, 1999, 44 (42): 4383 - 4393.

[12] Li M C, Cheng Y F. Corrosion of the stressed pipe steel in carbonate-bicarbonate solution studied by scanning localized electrochemical impedance spectroscopy [J]. Electrochemical Acta, 2008, 53 (6): 2831 - 2836.

4 低合金结构钢腐蚀的夹杂物起源

非金属夹杂物作为独立相存在于钢中，破坏了钢基体的连续性，加大了钢中组织的不均匀性，严重影响了钢的各种性能。例如，非金属夹杂物导致应力集中，引起疲劳断裂；数量多且分布不均匀的夹杂物会明显降低钢的塑性、韧性、焊接性以及耐腐蚀性；钢中呈网状存在的硫化物会造成热脆性。因此，夹杂物的数量和分布被认定是评定钢材质量的一个重要指标，非金属夹杂物的性质、形态、分布、尺寸及含量不同，对钢性能的影响也不同。提高低合金结构钢的质量，生产出洁净钢，或控制非金属夹杂物性质和要求的形态，是冶炼、铸锭和轧钢过程中的一个艰巨任务。虽然"纯净钢"理论和技术的发展，使得钢中夹杂物控制水平日益提高，但是在实际生产中，由于控制成本的需要和管理不善等原因，低合金结构钢中夹杂物尺寸还较大，数量也较多。夹杂物对低合金结构钢性能，尤其是耐蚀性能造成的影响，仍然需要引起足够的重视。

低合金结构钢腐蚀一般起源于表面缺陷形成的微电池。当夹杂物，尤其是大尺寸夹杂物处于低合金结构钢表面时，对表面的连续性造成破坏并形成腐蚀微电池，由此诱发腐蚀的发生与发展。本章将对低合金结构钢腐蚀的夹杂物起源行为和电化学过程进行讨论，以明确夹杂物在低合金结构钢腐蚀起源中的独特作用。

4.1 低合金结构钢表面腐蚀电池

4.1.1 低合金结构钢腐蚀的宏观原电池

在电解质溶液中，低合金结构钢的腐蚀是一个电化学腐蚀过程，腐蚀原电池模型如图 4-1 所示。用导线通过电流表把浸入到稀硫酸溶液中的低合金结构钢片和铜片连接起来，电流的方向是由铜（正极）流向铁（负极）的，电流是由于铜板与铁在硫酸溶液中的电位不同产生的电位差引起的，该电位差是电池反应的推动力。由于铁的电位较铜的低，驱动电子由铁板流向铜板，故在铁表面失去电子，发生阳极氧化反应：

$$Fe \longrightarrow Fe^{2+} + 2e \qquad (4-1)$$

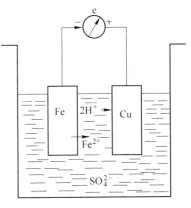

图 4-1　腐蚀原电池模型

Fe阳极放出的电子经过导线流向铜阴极表面，被酸中的 H^+ 接受，发生阴极还原反应

$$2H^+ + 2e \longrightarrow 2H, 2H \longrightarrow H_2 \tag{4-2}$$

整个电池的总反应：

$$Fe + 2H^+ \longrightarrow Fe^{2+} + H_2 \tag{4-3}$$

若把铁片与铜片直接连接后浸入稀硫酸中，可见到铁加速溶解，同时在铜片上逸出了大量的氢气泡。其差别仅是电子通过铁与铜内部直接传递，没有经过负载，是一个短路的腐蚀电池。

低合金结构钢的电化学腐蚀实质就是在浸入电解质溶液中的钢表面上，形成了腐蚀原电池。影响腐蚀原电池的因素众多，如电解质的化学性质、环境因素（温度、压力、流速等）、钢的特性、表面状态及其组织结构和成分的不均匀性、腐蚀产物的物理化学性质等。电化学腐蚀过程可分成阳极过程和阴极过程分别进行。

阳极过程：金属溶解并以离子形式进入溶液，同时把等当量的电子留在金属中

$$[ne \cdot M^{n+}] \longrightarrow [M^{n+}] + [ne] \tag{4-4}$$

阴极过程：从阳极移迁过来的电子被电解质溶液中能够吸收电子的物质 D 所接受

$$[D] + [ne] \longrightarrow [D \cdot ne] \tag{4-5}$$

低合金钢宏观腐蚀电池是指其腐蚀电极用肉眼可以观察到，主要有：（1）低合金结构钢与异种金属相连浸于不同的电解质溶液中，构成腐蚀电偶电池。例如，在海水中钢质船壳与青铜推进器相连，青铜的电位较钢的电位更正，构成电偶电池，钢制船壳成为阳极而遭受加速腐蚀。（2）浓差电池。当低合金钢与含不同浓度的铁离子的溶液接触时，浓度稀处，钢的电位较负；浓度高处，钢的电位较正，从而形成铁离子浓差腐蚀电池，浓度稀处的钢作为阳极而受到腐蚀。在工程实际中，最常见的一种危害极大的浓差腐蚀电池是氧浓差电池，是由钢构件与含氧量不同的腐蚀介质接触形成的腐蚀电池。例如，在发生水线腐蚀、缝隙腐蚀、孔腐蚀、沉积物腐蚀等情况下，在氧不易到达的地方，氧含量低，造成该处钢的电位低于高含氧处金属的电位，成为阳极而遭受腐蚀。（3）温差电池。浸入腐蚀介质中的钢各部分，常由于所处环境温度不同，可形成温差腐蚀电池。如换热器、冷却器、反应器等中普遍存在温差腐蚀电池。

4.1.2　低合金钢腐蚀的表面微电池

由于金属材料表面性质的不均匀性，金属材料表面存在许多微小的、电位高低不等的区域，可构成不同微观腐蚀电池，主要类型有：

（1）金属表面化学成分不均匀性而引起的微观电池。例如，工业纯锌中的铁杂质 $FeZn_7$（图4-2（a））、碳钢中的渗碳体 Fe_3C、铸铁中的石墨等，在腐蚀介质中，金属表面就形成了许多微阴极和微阳极，因此导致腐蚀。

（2）金属组织不均匀性构成的微观电池。传统的金属材料大多是晶态，存在着晶界和位错、空位、点阵畸变等晶体缺陷。晶界处由于晶体缺陷密度大，电位较晶粒内部要低，因此而构成晶粒-晶界腐蚀微电池，晶界作为腐蚀微电池的阳极而优先发生腐蚀，如图4-2（b）所示。金属及合金组织的不均匀性也能形成腐蚀微电池。

（3）钢表面物理状态的不均匀性构成的微观电池。低合金结构钢在机械加工、构件装配过程中，由于各部分应力分布不均匀，或形变不均匀，都将产生腐蚀微电池。变形大或受力较大的部位成为阳极而腐蚀，如图4-2（c）所示。

（4）钢表面膜不完整构成的微观电池。无论是钢表面形成的钝化膜，还是镀覆的阴极性金属镀层，由于存在孔隙或发生破损，使得该处裸露的钢基体的电位较负，构成腐蚀微电池，孔隙或破损处作为阳极而受到腐蚀，如图4-2（d）所示。

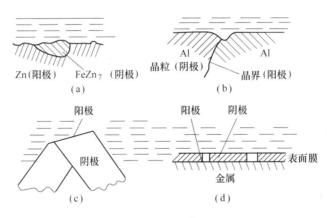

图4-2 不同微观腐蚀电池

综上所述，低合金结构钢腐蚀起源一般是由其表面微电池引起的，表面成分差异、组织不同或其他缺陷是构成腐蚀微电池阴阳极的基础，表面腐蚀微电池的测量与表征是探索其腐蚀起源的重要工具，是研究各种腐蚀类型和腐蚀破坏形态下腐蚀起源的基础。

4.2 常见夹杂物诱发腐蚀的机理

在冶炼过程中，为了降低钢中的氧含量，会通过添加合金元素作为脱氧剂进行脱氧处理，可以获得氧含量极低的钢，同时会在钢中生成大量的非金属夹杂物[1]。如采用 Al 脱氧后生成的 Al_2O_3 夹杂，复合脱氧剂 Mn-Si-Al 系列、碱土金属合金以及稀土合金等后生成的 CaO-Al_2O_3-SiO_2 等复合夹杂物。钢中夹杂物不仅可以降低钢材塑性、韧性和疲劳强度等加工性能和机械性能，还会对钢材的耐蚀性产生影响。

为了消除钢中夹杂物带来的危害，"洁净钢"冶金生产工艺在全球得到了关注。通过改善二次精炼和连铸的操作工艺，降低钢中夹杂物含量，加快夹杂物的分离去除和避免钢液的二次氧化。不同钢种，对夹杂物尺寸的要求范围不同，只要夹杂物对钢种的加工和机械性能不产生明显的影响，基本都被认为是无害的。例如弹簧钢，夹杂物数量较少，CaO-Al_2O_3-SiO_2 和 Al_2O_3 的尺寸都在 $10\mu m$ 以下，就可以称为有较高的洁净度。在对夹杂物要求较高的轴承钢中，对夹杂物数量、形态和分布有着更高的要求。瑞典 SKF 公司利用 VD 真空炉技术生产的轴承钢中夹杂物数量和尺寸都明显减小，典型的 Al_2O_3 和 $Al_2O_3 \cdot MgO$ 夹杂物尺寸一般小于 $5\mu m$。日本产的轴承钢中全氧含量可以控制在 5ppm 以下，实现全部夹杂物小于 $7.5\mu m$。虽然我国部分钢厂炼钢过程的全氧含量控制水平已经达到世界先进水平，但是整体还和世界先进水平有较大的差距。差距主要是国产钢中碳化物均匀性和夹杂物尺寸的稳定性较差，如实际生产中氧化物夹杂物最大尺寸可以达到 $50 \sim 52\mu m$。

"洁净钢"概念的提出，主要是从解决钢材的加工和机械性能角度出发的。针对其对钢材耐蚀性的影响，尚未取得系统的研究成果。研究认为，夹杂物作为低合金结构钢中不可避免的组织结构缺陷，在诱发腐蚀的过程中起着重要的作用，这种材料表面化学或物理性质不均匀的地方，经常会诱发点蚀、缝隙腐蚀、应力腐蚀、疲劳开裂和电偶腐蚀等腐蚀行为的发生。

4.2.1 MnS 夹杂物诱发腐蚀的机理

MnS 夹杂物是钢中最常见的夹杂物之一。一般认为 MnS 夹杂物和钢基体构成的腐蚀电偶可以促进超低碳钢基体溶解，进而诱发早期局部腐蚀的萌生。研究发现，碳钢会在硫化物（一般为 MnS）周围发生点蚀，点蚀会最先在 MnS 周围钢基体开始发生，因为此处的电位比其他区域的钢基体电位较负，更易引发点蚀；有些硫化物的活性较高，会最先开始发生溶解。在电化学实验研究中发现，在低 S 含量下形成了一层保护膜，随着 S 含量的增加出现弱钝化甚至导致钝化区域消失。一般认为碳钢中点蚀萌生是由 Cl^- 浓聚导致酸化催化，导致钢基体溶解造成的[2]。Szklarska[3,4]认为在低碳钢中，腐蚀在硫化物和钢基体之间的缝隙处萌发，诱发缝隙腐蚀。由于在金属基体和硫化物界面处形成的氧化膜上有缺陷存在，当电位较高时，在 Cl^- 的作用下，氧化膜的缺陷处发生破裂从而诱发点蚀。Wei[5]指出，MnS 夹杂物和钢基体之间的腐蚀电偶作用可以造成夹杂物周围钢基体的溶解，同时钢中的 M/A 岛和钢基体之间的腐蚀电偶可以加速点蚀的产生。

　　MnS 夹杂物诱发腐蚀的过程分可为如图 4-3 所示的 5 个阶段：（1）夹杂物周围的钢基体发生腐蚀溶解，形成沟壑。（2）沟壑处形成环形腐蚀区域，并发生扩展。（3）以夹杂物为中心，由近及远，夹杂物周围的 M/A 岛促进点蚀形核并随腐蚀脱离，形成小型孔蚀坑，随后远离夹杂物的 BF 相上的 M/A 岛依次形成小型孔蚀坑，多个孔蚀坑聚集成为大型孔蚀坑。（4）随着腐蚀深度增加，硫化物夹杂脱落；同时随着腐蚀范围的水平扩展，腐蚀圈周围的钢基体出现相关的腐蚀形貌。（5）腐蚀圈内和外的钢基体都发生腐蚀，腐蚀加重，并逐渐变成均匀腐蚀。

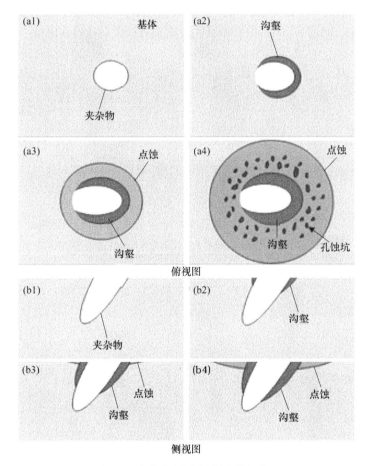

图 4-3　夹杂物周围腐蚀圈形成过程

4.2.2　Al₂O₃ 夹杂物诱发腐蚀的机理

　　Al_2O_3 作为铝脱氧镇静钢中常见的夹杂物，其诱发局部腐蚀具有一定的代表性。研究表明，Al_2O_3 夹杂物可以促进裂纹的扩展进而降低管线钢的抗氢致开裂的腐蚀能力，钢中氧化铝夹杂物诱发夹杂物和钢基体的界面处钢基体的溶解，诱发局部腐蚀。有报道认为，富 Al_2O_3 夹杂和其临近钢基体之间的腐蚀电偶作用是导致局部腐蚀发生的主要原因。Cheng[6] 在利用微区阻抗技术对 X100 钢中夹杂物对腐蚀开裂影响进行研究时发现，钢中的 Al_2O_3 的阻抗明显比和其接触的钢基体的阻抗要大，认为 Al_2O_3 夹杂在其和钢基体组成的电偶中作为阴极相存在。有研究认为作为钢中的第二相，非金属夹杂物具有与钢基体不同的电极电位。因此，当含有非金属夹杂物的钢被浸入某些电解质时发生电偶腐蚀。也有研究认为具有更负电极电位的夹杂物可能优先被侵蚀为阳极。

　　Liu[7] 等人采用一系列微区电化学试验方法，对 Al_2O_3 夹杂物诱发点蚀的过程进行了研究。通过原子力显微镜技术测量发现 Al_2O_3 夹杂物不具有电流敏感性（如图 4-4 所示），认为其作为一项绝缘体相，和钢基体之间无法构成腐蚀电偶。

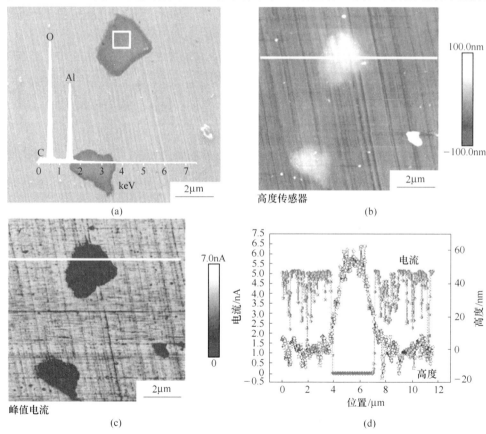

图 4-4　Al_2O_3 夹杂物原子力显微镜技术测量结果及分析

（a）Al_2O_3 夹杂物 FE-SEM 图像和 EDS 结果；（b）图（a）中夹杂物的原子力形貌图像；

（c）图（a）中夹杂物的电流敏感度头像，原子力探针针尖施加电压为 +6.0V；

（d）图（b）和图（c）中的线分析数据

通过观测 Ar 离子减薄试样和 EBSD 实验发现，Al$_2$O$_3$ 夹杂物周围存在大量的缝隙和晶格畸变，如图 4-5 所示。类似的晶格畸变或位错现象在镁合金中的夹杂物周围也被证实过[8]。

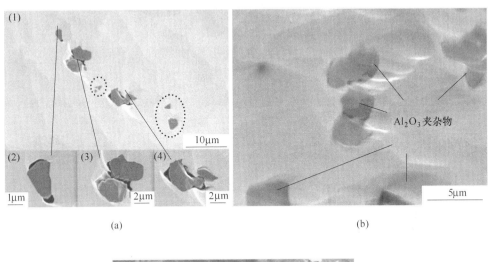

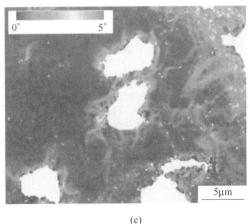

图 4-5 Ar 离子减薄仪处理试样中 Al$_2$O$_3$ 夹杂物形貌

（a）Al$_2$O$_3$ 夹杂物群的 FE-SEM 形貌，（2）～（4）为图（1）中标记夹杂物的
局部放大图；（b）Al$_2$O$_3$ 夹杂物的 EBSD 图像；
（c）夹杂物周围的应力集中区域

经过不同时间浸泡实验后发现，点蚀坑主要在 Al$_2$O$_3$ 夹杂物的周围萌生、发展，如图 4-6 所示。当经过长时间的浸泡后，随着点蚀的生长，点蚀坑中溶液的 pH 值逐渐降低，当 pH 值低于 3.2 时，Al$_2$O$_3$ 夹杂物出现部分溶解。在点蚀发展的过程中，由于腐蚀产物的堆积，极易产生闭塞效应，形成酸化自催化电池。如

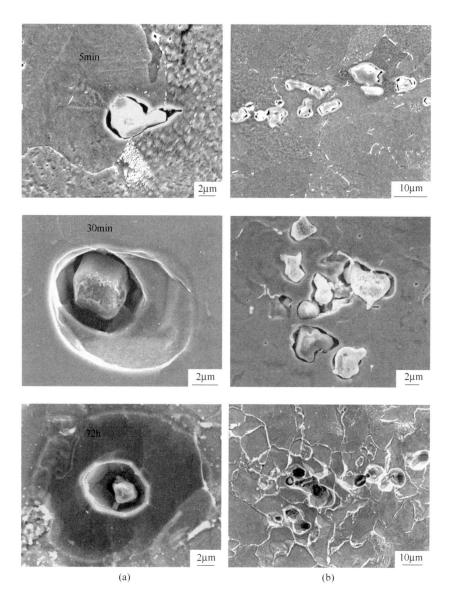

图4-6　浸泡不同时间后夹杂物诱发点蚀坑的形貌

图4-7所示，在浸泡30min后，除去试样表面锈层才可以看到夹杂物周围的点蚀坑（图4-7（a）、图4-7（b））。图4-7（f）为试样镶在树脂中后，打磨抛光后的截面图，可以看到夹杂物周围明显的点蚀坑。随着酸化自催化电池的形成，点蚀的发展速率得到加强。

在利用扫描振动电机技术对夹杂物诱发腐蚀的过程中进行电流跟踪测试时发

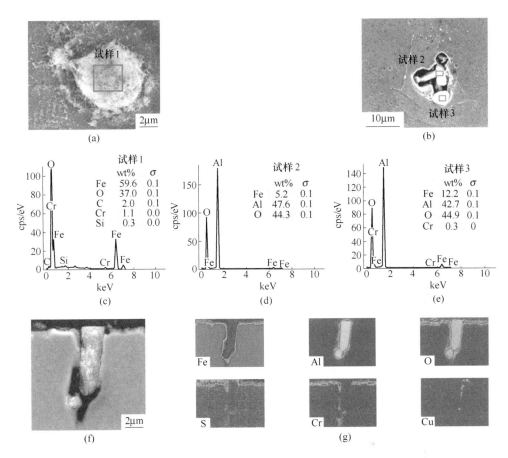

图 4-7 浸泡 30min 后除去试样表面锈层观察到的夹杂物周围的点蚀坑

（a）~（e）为夹杂物除锈前后的形貌、锈层和夹杂物的成分分析；

（f），（g）为夹杂物处点蚀坑的横截面图和元素分布

现，在夹杂物周围的区域出现较高的腐蚀电流，如图 4-8 所示。除锈后发现，夹杂物周围有较深的点蚀坑的形成。

钢中 Al_2O_3 夹杂物诱发点蚀的机理如图 4-9 所示。硬质 Al_2O_3 夹杂物周围的微缝隙中，由于侵蚀性离子的存在导致缝隙腐蚀。随着腐蚀时间的积累，该区域侵蚀性离子的浓度不断升高，导致周围应力集中区域溶解，畸变区和非畸变区的钢基体之间构成腐蚀电偶，进一步促进点蚀的发生。当锈层逐渐覆盖在点蚀坑的上部时，便会产生闭塞效应，诱发酸化自催化电池的产生。随着点蚀坑中 Cl^- 浓度的增加，点蚀坑中的溶液为了保持电中性，钢基体不断发生溶解，这进一步加速了点蚀的生长。同时由于腐蚀产物的覆盖，会导致点蚀坑处和周围钢基体处的氧含量浓度发生变化，产生氧浓差电池，会进一步促进点蚀的生长。

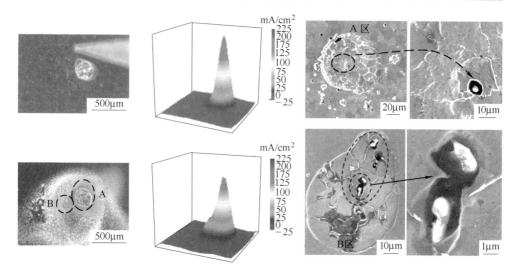

图 4-8   扫描振动电极实验过程中电流分布图及除锈后夹杂处点蚀坑的形貌

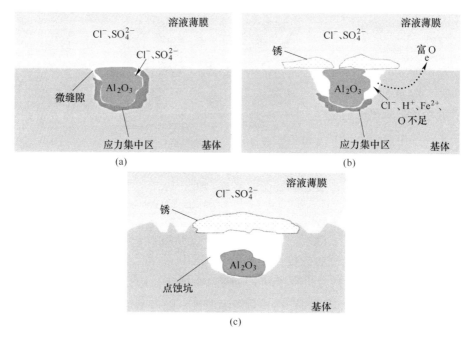

图 4-9 Al_2O_3 夹杂物诱发点蚀的机理

4. 2. 3   稀土改性夹杂物诱发腐蚀的机理

稀土作为强脱硫剂和脱氧剂，经常被加入钢中对钢中 MnS、Al_2O_3 夹杂物的形态和成分进行改性处理。稀土改性后，可以明显减小钢中夹杂物的尺寸，增加稀土在夹杂物中的数量，提高夹杂物的弥散度；可以改善钢的机械性能、焊接性能和耐腐蚀性。研究表明，在含有 MnS 钢中加入稀土后，钢中生成的稀土硫化物夹杂，具有更低的电导率，电极电位较高，但无法充分发挥其阴极作用，可以提高钢的耐蚀性。虽然稀土改性夹杂物尺寸明显小于常规夹杂物，但是由于其尺寸依然大于 $1\mu m$，所以依然具有诱发局部腐蚀的可能性。

目前在不锈钢耐蚀性研究领域，对稀土改善钢材耐蚀性的研究较多。研究发现，在不锈钢中添加 RE 后，可以明显提高钢材耐点蚀和缝隙腐蚀的性能。在不锈钢中，点蚀主要在（RE，Cr，Mn）-O-S 夹杂和钢基体的界面处萌生，不含稀土的(Mn,Cr,Fe)-O-S 夹杂比含稀土的(RE,Cr,Mn)-O-S 更容易发生溶解而诱发点蚀的发生。针对低合金结构钢中稀土夹杂物的耐蚀性研究并不多见。经过研究发现，加入稀土后，低合金钢中形成了含铝和不含铝两类夹杂物，分别为$(RE)_2O_2S$-$(RE)_xS_y$ 和$(RE)AlO_3$-$(RE)_2O_2S$-$(RE)_xS_y$。

对于不含铝的$(RE)_2O_2S$-$(RE)_xS_y$ 的夹杂物，其形貌与表面电势差异及电流敏感度信息如图 4-10 所示。由图 4-10（b）可以看出，对于该类夹杂物，其表面电势远低于钢基体，说明在腐蚀过程中夹杂物的稳定性要比钢基体差。从电流敏感度实验测试可以看出，稀土氧硫化物不具备导电性（图 4-10（c）），证明该类夹杂物和钢基体无法构成腐蚀电偶。从图 4-10（d）可以看出，夹杂物周围不存在明显的应力集中区域，这主要是由于稀土夹杂物的硬度比较低，在轧制过程中的不易产生明显的应力集中。

对于含铝的$(RE)AlO_3$-$(RE)_2O_2S$-$(RE)_xS_y$ 夹杂物，其形貌与表面电势差异及电流敏感度信息如图 4-11 所示。由图 4-11（a）可以看出，夹杂物核心部分为$(RE)_2O_2S$-$(RE)_xS_y$，边缘部分为$(RE)AlO_3$。该类中心为稀土氧硫化物的复合夹杂物结构在文献中也有所报道[9~11]。图 4-11（b）为该夹杂物的表面电势分布图，复合夹杂物的核心部分的电势低于钢基体，说明其稳定性要差于钢基体，而复合夹杂物外壳部分的$(RE)AlO_3$的表面电势要高于钢基体，说明其稳定性要优于钢基体。电流敏感度测试结果表明，该类夹杂物不具有导电性，说明夹杂物和钢基体之间无法构成腐蚀电偶。图 4-11（d）表明夹杂物周围不存在明显的应力集中区域，说明该类夹杂物的硬度也比较低，在轧制过程中不易产生明显的应力集中。

利用 FIB 技术对钢中两类夹杂物进行切片分析和 3D 重构，从微观角度对夹杂物的整体形貌进行观察分析，如图 4-12 所示。对于$(RE)_2O_2S$-$(RE)_xS_y$ 夹杂物，夹杂物和钢基体连接较为紧密，由图 4-12（a）可以看到，夹杂物和钢基体部分均没有孔洞的出现。其 3D 重构后的结果如图 4-12（b）所示，夹杂物较为圆滑，和钢基体连接很紧密。图 4-12（c）为$(RE)AlO_3$-$(RE)_2O_2S$-$(RE)_xS_y$ 夹杂

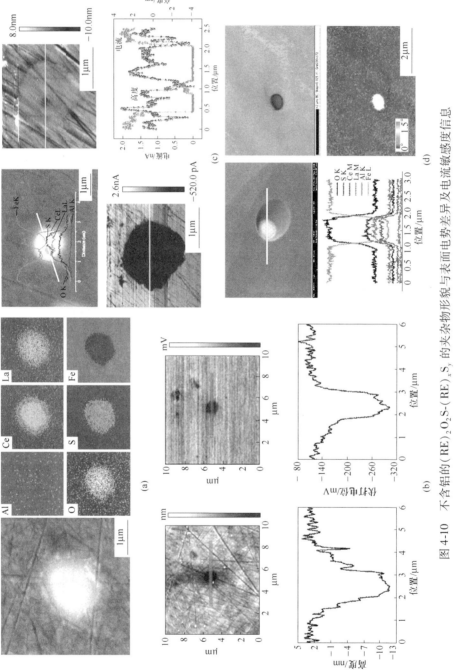

图 4-10 不含铝的 $(RE)_2O_2S$-$(RE)_xS_y$ 的夹杂物形貌与表面电势差异及电流敏感度信息

(a) $(RE)_2O_2S$-$(RE)_xS_y$ 夹杂物形貌及元素分布；(b) 图 (a) 中夹杂物和周围钢基体的表面电势分布；
(c) $(RE)_2O_2S$-$(RE)_xS_y$ 夹杂物的形貌及电流敏感度分布；(d) 夹杂物周围应力分布

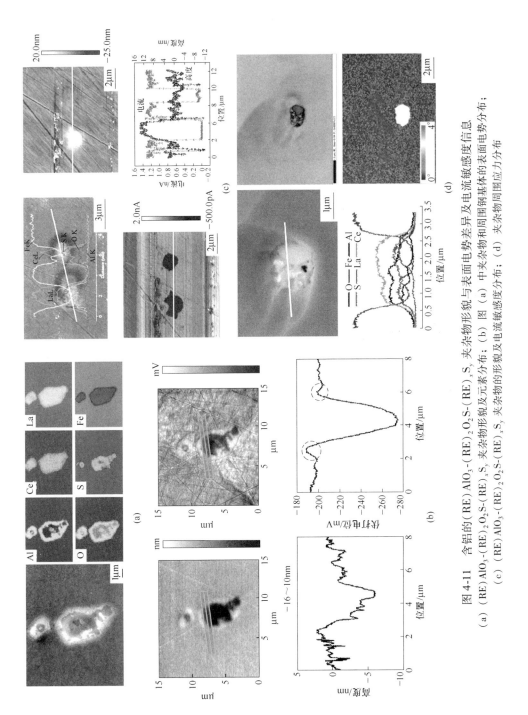

图 4-11 含铝的 (RE)AlO$_3$-(RE)$_2$O$_2$S-(RE)$_x$S$_y$ 夹杂物形貌差异及电流敏感度信息

(a) (RE)AlO$_3$-(RE)$_2$O$_2$S-(RE)$_x$S$_y$ 夹杂物形貌及元素分布; (b) 中夹杂物和周围钢基体的表面电势分布;

(c) (RE)AlO$_3$-(RE)$_2$O$_2$S-(RE)$_x$S$_y$ 夹杂物的形貌及电流敏感度分布; (d) 夹杂物周围应力分布

物的截面图，可以看出，在夹杂物的外壳（RE）AlO$_3$ 部分存在空洞，内心部分的（RE）$_2$O$_2$S-（RE）$_x$S$_y$ 较为紧密。其3D重构图如图4-12（d）所示。

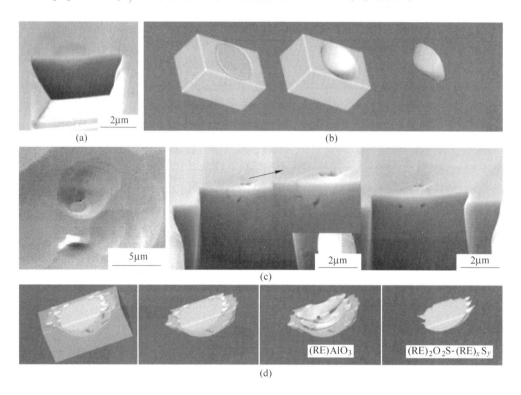

图 4-12   含铝及不含铝稀土夹杂物截面形貌及 3D 重构图
（a），（b）（RE）$_2$O$_2$S-（RE）$_x$S$_y$；（c），（d）（RE）AlO$_3$-（RE）$_2$O$_2$S-（RE）$_x$S$_y$

在西沙海洋大气模拟腐蚀液中经过 5min 浸泡试验后，发现在试样表面存在两种类型的点蚀坑。由图 4-13（a）~（c）可以看出，试样表面出现了两种不同的腐蚀形貌的点蚀坑。图 4-13（b）为底部和边缘比较光滑的点蚀坑，其成分为（RE）$_2$O$_2$S-（RE）$_x$S$_y$，另外一种是底部和边缘部为珊瑚状的粗糙边缘，EDS 结果表明其为（RE）AlO$_3$，证明复合夹杂物（RE）AlO$_3$-（RE）$_2$O$_2$S-（RE）$_x$S$_y$ 中（RE）$_2$O$_2$S-（RE）$_x$S$_y$ 部分已经发生了完全溶解。图 4-13（d）和图 4-13（e）分别为两类点蚀坑的元素分布图。

图 4-14（a）为（RE）$_2$O$_2$S-（RE）$_x$S$_y$ 夹杂物诱发点蚀的机理。随着夹杂物自身的溶解，锈层在点蚀坑表面的覆盖逐渐形成酸化自催化效应，在氧浓差的作用下，点蚀持续发展，逐渐生成稳定的点蚀坑。图 4-14（b）为（RE）AlO$_3$-（RE）$_2$O$_2$S-（RE）$_x$S$_y$ 夹杂物诱发点蚀的机理。在腐蚀过程中，夹杂物中心部位（RE）$_2$O$_2$S-（RE）$_x$S$_y$ 最先发生溶解，在反应过程中也会形成酸化自催化效应和氧

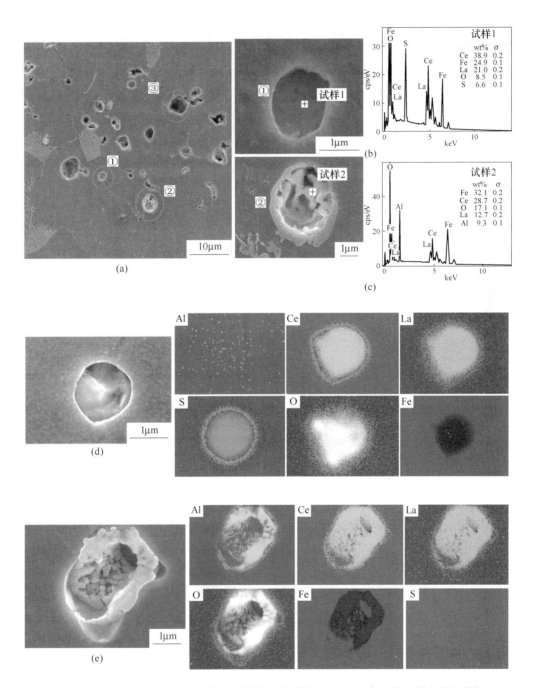

图 4-13 稀土改性钢在西沙海洋大气模拟腐蚀液浸泡 5min 后存在的两类点蚀坑分析

（a）~（c）试样表面的两类点蚀坑形貌及元素分布；（d）（RE）$_2$O$_2$S-（RE）$_x$S$_y$ 腐蚀形貌及

元素分布；（e）（RE）AlO$_3$-（RE）$_2$O$_2$S-（RE）$_x$S$_y$ 腐蚀形貌及元素分布

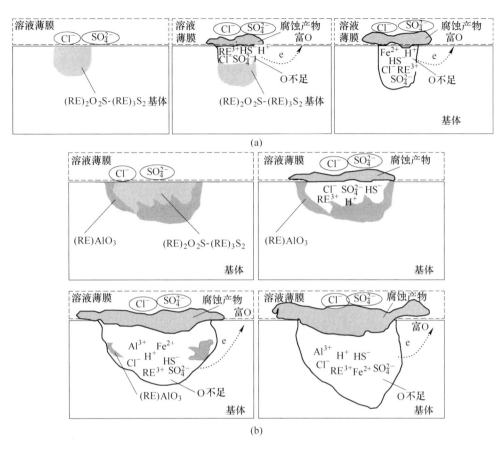

图 4-14　稀土改性钢中两类夹杂物图诱发点蚀的机理

(a) $(RE)_2O_2S\text{-}(RE)_xS_y$；(b) $(RE)AlO_3\text{-}(RE)_2O_2S\text{-}(RE)_xS_y$

浓差电池，随着点蚀的不断发展，点蚀坑内溶液的 pH 值持续降低，当 pH 值足够低时，夹杂物外壳部分 $(RE)AlO_3$ 开始溶解，最终夹杂物完全溶解，形成稳定的点蚀坑。

在反应点蚀坑发展过程中的主要化学反应如下所示：

$$(RE)_xS_y + H_2O \longrightarrow RE^{3+} + SO_4^{2-} + H^+ + e \tag{4-6}$$

$$(RE)_2O_2S + H_2O \longrightarrow RE^{3+} + SO_4^{2-} + H^+ + e \tag{4-7}$$

$$(RE)_xS_y + H^+ \longrightarrow RE^{3+} + HS^- + e \tag{4-8}$$

$$(RE)_2O_2S + H^+ \longrightarrow RE^{3+} + HS^- + H_2O + e \tag{4-9}$$

当 $(RE)_2O_2S\text{-}(RE)_xS_y$ 夹杂物或者夹杂物中的 $(RE)_2O_2S\text{-}(RE)_xS_y$ 部分溶解完后，点蚀坑中会形成一个包含 H_2SO_4、HCl 和 H_2S 的酸性腐蚀环境，在此环境下，夹杂物外壳部分的 $(RE)AlO_3$ 和钢基体都会发生溶解。

$$(RE)AlO_3 + H^+ \longrightarrow RE^{3+} + Al^{3+} + H_2O \qquad (4-10)$$

$$Fe \longrightarrow Fe^{2+} + e \qquad (4-11)$$

$$O_2 + H_2O + e \longrightarrow OH^- \qquad (4-12)$$

4.2.4 其他非金属夹杂物对低合金钢耐蚀性的影响

在现代冶炼生产过程中，会在钢中添加 Ca 等合金元素，对钢进行合金化处理。加入 Ca 后可以将硬度较大的 Al_2O_3 夹杂物改性为 CaS-Al_2O_3、CaO-Al_2O_3、CaO-$xSiO_2$ 等夹杂物。针对这些夹杂物的耐蚀性，已有研究发现，钢中含 Al 的 Al_2O_3、$MgO \cdot Al_2O_3$、Si-Al-O 等夹杂物和 TiO_2 夹杂都可以诱发应力腐蚀疲劳裂纹的开裂和传播。经过 Ca 处理改性生成的 (Ca, Si, Mg)-O-S、$CaO \cdot Al_2O_3$ 和 $CaS \cdot Al_2O_3$ 等较软、较小尺寸的夹杂物不易诱发应力腐蚀疲劳裂纹的萌生和发展。夹杂物在腐蚀过程中诱发的应力腐蚀疲劳裂纹如图 4-15 所示。较大的 Al-Ca-Si-Mg-O 球化夹杂物也是促进管线钢中腐蚀疲劳裂纹发展的一个原因。

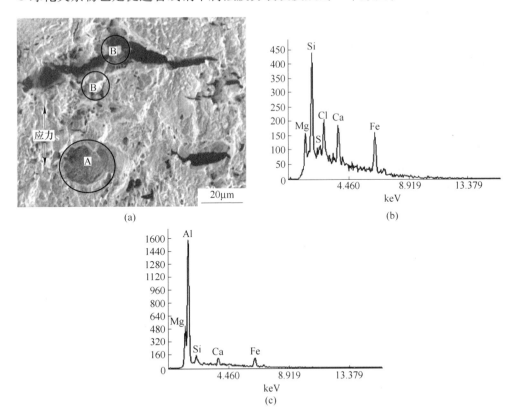

图 4-15　X70 钢中不同种类夹杂物诱发应力腐蚀疲劳的
SEM 图及夹杂物的 EDS 成分图

在水环境下，复合夹杂物$(Ca, Mg, Mn)S\text{-}SiO_2$的部分溶解是导致低合金钢耐局部腐蚀性能下降的主要原因。在 Al-Mg-Si-Ca-O 复合夹杂物中，不含 SiO_2 的 Al-Mg-Ca-O 复合夹杂表现出了较高的易腐蚀性，SiO_2 和高 SiO_2 夹杂表现出了较低的腐蚀性，甚至在腐蚀过程中并不发生溶解。有文献指出，加入 Ca 后生成大量的$(Ca, Mg, Mn)S$ 和 SiO_2 和 CaS 夹杂，其中 CaS 被认为耐腐蚀性最差，并被认为是诱发焊接区域应力腐蚀裂纹形核和扩展的一个因素。$(Ca, Al, Mn)\text{-}O\text{-}S$ 夹杂诱发的点蚀如图 4-16 所示。另外，钢中的硫化物、硅酸盐、碳氮化物和 TiN 等夹杂物都是材料萌发点蚀的最敏感区域。

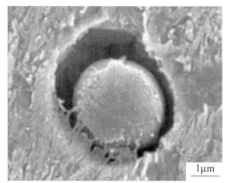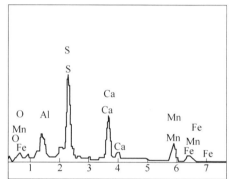

图 4-16　$(Ca, Al, Mn)\text{-}O\text{-}S$ 夹杂诱发的点蚀形貌图与成分分布

低合金结构钢中 NbC 析出相偶尔也会和 MnS 复合，形成纳米尺寸的复合析出相，如图 4-17 所示。在腐蚀环境下这些纳米析出相诱发的点蚀坑多位小而浅的点蚀坑，如图 4-18 所示。这些点蚀坑并不能发展成为稳定的点蚀坑。这主要是由于当夹杂物小于 $1\mu m$ 时所形成的点蚀坑，不足以维持让点蚀继续发展成为稳定点蚀坑的腐蚀环境。随着周围钢基体的溶解，这些纳米尺寸点蚀坑会随着溶解而消失。

钢中偶尔会发现一些纳米的 $MnS\text{-}Al_2O_3$ 和纳米 Al_2O_3 夹杂物的生成，如图 4-19 (a)、图 4-19 (b) 所示。经过腐蚀后检测发现，试样表面未看到 $MnS\text{-}Al_2O_3$ 等夹杂物，可能是在腐蚀过程中溶解或者脱落。纳米 Al_2O_3 夹杂物诱发的点蚀坑如图 4-19 (c) 所示。点蚀坑极其小而浅，未能诱发严重点蚀。由于这些点蚀坑较小，无法形成高浓度溶液维持腐蚀反应的进行，所以不会形成稳定的点蚀坑。

在对钢材进行热处理的过程中，形成的碳化析出相也会诱发点蚀的萌生。当钢中达到一定尺寸的碳化物析出数量较多时，如图 4-18 所示，会诱发大量的点

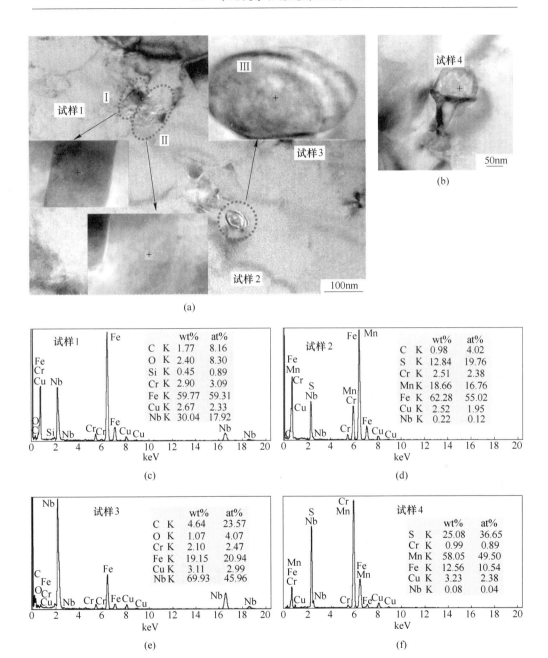

图 4-17 钢中 NbC 和 NbC-MnS 析出相的 TEM 图像及 EDS 成分

蚀坑的出现，进而减弱钢材的耐局部腐蚀性能。所以，当钢中析出相较少时，对钢材的耐腐蚀性能影响不明显；当数量较多时，会产生数量效应，进而对钢材的耐蚀性带来坏的影响。

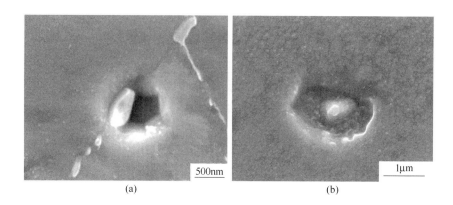

图 4-18　NbC 析出相诱发的点蚀坑

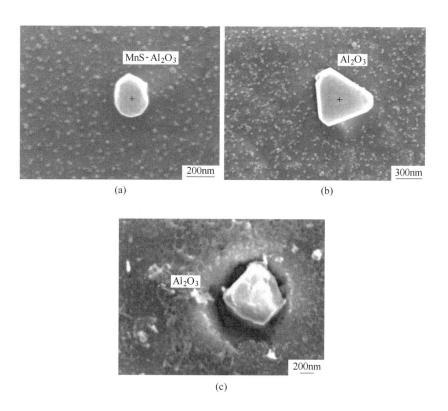

图 4-19　低合金结构钢中纳米夹杂物（a，b）和纳米夹杂物诱发的点蚀坑（c）

4.3　小结

本章叙述了低合金结构钢腐蚀起源的电化学机理，由此给出了低合金结构钢中主要的夹杂物类型对腐蚀起源的影响机理。由于"洁净钢"概念的提出和相关技术的快速发展，实际工程中钢中夹杂物的控制水平已经很高，微米尺寸的夹杂物完全可以避免大面积出现。然而，由于在实际冶炼、精炼和连铸过程中，偶尔还会形成较大尺寸的夹杂物，数量极少的大尺寸夹杂物对低合金结构钢的腐蚀起源及其发展过程起重要的作用，诱发和促成各类腐蚀的发生与发展。加之目前纳米级的各类夹杂物和析出相作为低合金结构钢中不可避免的组织结构，造成了纳米级区域的材料表面或体内化学或物理性质的不均匀性，这种不均匀性在与特定的腐蚀介质耦合过程中，与点蚀、缝隙腐蚀、电偶腐蚀、应力腐蚀和疲劳开裂等局部腐蚀行为有何关系，能否诱发和促进低合金结构钢的点蚀、缝隙腐蚀、电偶腐蚀、应力腐蚀和疲劳开裂等局部腐蚀的起源与发展，目前仍缺乏系统的研究结果，没有统一的认识，阻碍着高品质低合金结构钢新品种的研发和其质量的提高。但同时，澄清以上科学问题，也是高品质低合金结构钢新品种研发和其质量提高的机遇，解决以上科学问题，势必促进低合金结构钢升级换代。

参 考 文 献

[1] 李阳，姜周华，李花兵，等. 炼钢过程中的夹杂物 [M]. 北京：科学出版社，2016.

[2] Lin B, Hu R, Ye C, et al. A study on the initiation of pitting corrosion in carbon steel in chloride-containing media using scanning electrochemical probes [J]. Electrochimica Acta, 2010, 55 (22)：6542 – 6545.

[3] Z S S. Influence of sulfide inclusions on the pitting corrosion of steels [J]. Corrosion, 1972, 28 (10)：388 – 396.

[4] Szklarska-Śmialowska Z, Lunarska E. The effect of sulfide inclusions on the susceptibility of steels to pitting, stress corrosion cracking and hydrogen embrittlement [J]. Materials and Corrosion, 1981, 32 (11)：478 – 485.

[5] Wei J, Dong J, Ke W, et al. Influence of inclusions on early corrosion development of ultra-low carbon bainitic steel in NaCl solution [J]. Corrosion, 2015, 71 (12)：1467 – 1480.

[6] Jin T Y, Cheng Y F. In situ characterization by localized electrochemical impedance spectroscopy of the electrochemical activity of microscopic inclusions in an X100 steel [J]. Corrosion Science, 2011, 53 (2)：850 – 853.

[7] Liu C, Revilla R I, Zhang D W, et al. Role of Al_2O_3 inclusions on the localized corrosion of Q460NH weathering steel in marine environment [J]. Corrosion Science, 2018, 138 (7)：96 – 104.

[8] Liang M J, Wu G H, Ding W J, et al. Effect of inclusion on service properties of GW103K magnesium alloy [J]. Transactions of Nonferrous Metals Society of China, 2011, 21 (4): 717 – 724.

[9] Wilson W, Wells R. Identifying inclusions in rare earth treated steels [J]. Met Prog, 1973, 107 (7): 75 – 77.

[10] Waudby P E. Rare earth additions to steel [J]. International Metals Reviews, 1978, 23 (1): 74 – 98.

[11] Wilson W G, Heaslip L J, Sommerville I D. Rare Earth Additions in Continuously Cast Steel [J]. Journal of Materials, 1985, 37 (9): 36 – 41.

5　低合金结构钢腐蚀的相电化学起源

　　传统低合金结构钢的组织结构是铁素体加珠光体组织，随着强韧性的提高，典型的组织为贝氏体组织，以针状贝氏体或块状贝氏体为主；随着强度级别的进一步提高，马氏体组织将成为高强度低合金钢的主要组织形态。大多数学者认为显微组织只对新鲜金属表面的耐腐蚀性产生影响，当金属表面覆盖有腐蚀产物时，显微组织的影响基本可以忽略，成分的影响开始突出，内锈层中的合金元素能够增加锈层的致密性，阻止环境中的腐蚀介质与金属表面的接触，有效保护金属。但这种观点应该只对均匀腐蚀成立，对于点蚀、电偶腐蚀、缝隙腐蚀、应力腐蚀和腐蚀疲劳等这些局部腐蚀类型，组织结构的影响是深远和持久的，会贯穿整个腐蚀寿命全过程。

　　在显微组织对腐蚀性能影响的研究中，方智等[1]采用 Ag/AgCl 微电极研究了20 钢和16Mn 钢中各微区相在 1mol/L NaNO$_3$ 溶液中的电化学行为，认为铁素体和珠光体相存在着明显的电位差，铁素体相、珠光体相及二者混合相的电位符合混合电位理论，以珠光体相零电流电位最负，铁素体相最正，二者混合相居中。珠光体相优先腐蚀，腐蚀电流密度最大，铁素体相腐蚀电流密度最小，腐蚀较轻。混合相的腐蚀从珠光体相开始，待珠光体相被完全腐蚀后，腐蚀就开始从铁素体/珠光体相界开始向铁素体相内部推进。Guo 等[2]研究发现，在盐雾试验中组织单一的铁素体组织或贝氏体铁素体组织的耐腐蚀性优于铁素体/珠光体的混合组织，均匀单一的铁素体组织或贝氏体铁素体组织试样表面倾向于形成含较少量裂纹的均匀腐蚀产物膜，在大气腐蚀初期有利于形成致密的锈层，对金属起到保护作用。董杰吉等[3]研究发现微观组织是影响超低碳贝氏体高强钢海洋环境下耐腐蚀性能的重要因素，其板条贝氏体组织细密均匀，没有明显的晶界，钢中微电池的数量大大减少，提高了钢的耐蚀性，其抗点蚀能力优于铁素体/珠光体混合组织。李少坡等[4]研究发现单相的贝氏体钢的耐腐蚀性优于铁素体/珠光体复相组织钢。Sarkar 等[5]研究发现，马氏体的形态和含量都影响双相钢的腐蚀性能，增加马氏体的含量和结构细化对材料的腐蚀性能产生不良影响，岛状马氏体组织能够提高抗腐蚀性能。Ueda 等[6]研究发现，铁素体/珠光体钢腐蚀时，表面会留下片层状的 Fe$_3$C，作为阴极会加速铁素体相的溶解，在 Fe$_3$C 片层之间形成 Fe^{2+} 的局部集中，局部流动阻滞和高的 Fe^{2+} 浓度促使在 Fe$_3$C 片层之间形成 FeCO$_3$ 腐蚀产物，片层状的 Fe$_3$C 对腐蚀产物有锚固作用。如果腐蚀产物膜局部破坏，将以这种机制很快修复。通常，铁素体/珠光体钢的腐蚀产物膜较厚，$FeCO_3$ 晶粒排列紧密，成膜速度也比较快，膜/基剪切强度较高，这种膜阻挡了腐蚀离子与基体表面的接触，提高了钢的耐蚀性。马氏体钢组织中均匀弥散分布的球形 Fe_3C 作为阴极，不但能够加速腐蚀，而且对腐蚀产物不具有锚固作用，所以在腐蚀产物脱落的位置，局部腐蚀比较严重。在 $FeCl_3$ 溶液中浸泡时，点蚀优先产生于马氏体/奥氏体相界以及奥氏体相上。Palacios 等[7]研究发现，显微组织能够影响 $FeCO_3$ 产物膜的厚度和与基体的结合度，铁素体/珠光体钢的 $FeCO_3$ 锈层比淬火和时效后的组织表面的锈层更厚，与基体结合得更紧密，对基体的保护性能更好。Dugstad 等[8]研究了经过不同热处理的三种低合金碳钢在 CO_2 环境中的腐蚀，研究表明，时效温度和碳化物的尺寸直接影响钢的均匀腐蚀速率和局部腐蚀敏感性。

5.1　低合金钢腐蚀相电化学起源的实验观察

5.1.1　珠光体与夹杂物协同腐蚀起源实验观察

珠光体是奥氏体发生共析转变形成的铁素体和 Fe_3C 的共析体，其 C 含量高于奥氏体和铁素体，铁素体和 Fe_3C 呈互相交替的片层状结构，两种结构均具有导电性，在腐蚀性介质中，珠光体中渗碳体与铁素体之间产生微电偶腐蚀，Fe_3C 电位较正为阴极，铁素体电位较负为阳极，发生腐蚀溶解，也导致珠光体片层之间及其周围发生选择性破坏。图 5-1 所示为低合金耐候钢 Q460NH 在海洋大气模拟液中的腐蚀过程中微观组织变化观察结果，珠光体在腐蚀过程中自身的铁素体和 Fe_3C 可以构成腐蚀电偶，当自身的铁素体溶解完后，会导致周围先析出的铁素体溶解。

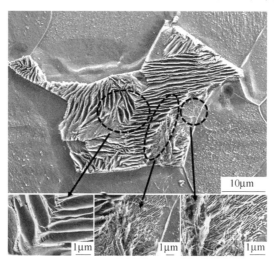

图 5-1　珠光体在海洋大气模拟液中的腐蚀过程

在珠光体和稀土改性夹杂物共同存在时，可以看到夹杂物和珠光体同时发生溶解，点蚀形貌图及其诱发点蚀的机理如图 5-2 所示。这表明珠光体组织对腐蚀起源贡献与大尺寸夹杂物是等同的。

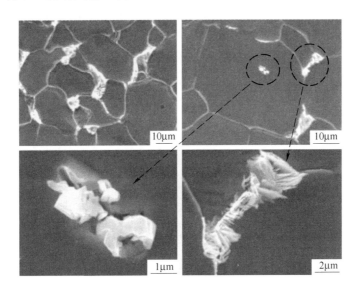

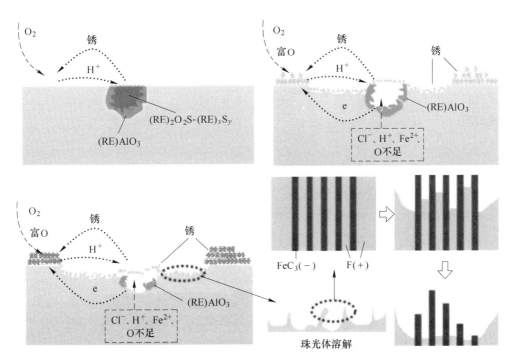

图 5-2　稀土夹杂物和珠光体同时存在时诱发点蚀的形貌图及其机理

5.1.2　不同珠光体含量对腐蚀起源影响的实验观察

　　珠光体组织形态与含量对低合金结构钢腐蚀电化学行为的影响，对研究低合金结构钢相电化学具有重要的实用价值。对 X80 钢进行表面固体渗碳处理，可以得到从表面到内部珠光体含量和形态的连续变化情况，通过浸泡实验对其在酸性土壤模拟溶液中的腐蚀形貌进行研究，并利用 SVET 测试技术研究退化珠光体和 C 含量变化对铁素体基体相电化学行为的影响。实验用 API X80 钢，渗碳用试样加工成 15mm（长）× 15mm（宽）× 15mm（厚）的块状，采用固体渗碳的处理方法，将试样放入热处理炉中，随炉加热到 900℃后保温 6h，待试样随炉冷却

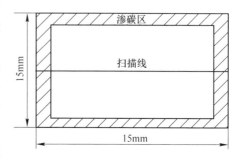

图 5-3　渗碳试样测试面示意图

到室温后取出。整个试样表面为渗碳层，采用线切割将渗碳试样剖成两半，对试样的截面进行研究，如图 5-3 所示。取其中一半用电木粉热镶样后进行显微组织观察、硬度分析以及浸泡实验研究；另一半将试样背面点焊引出铜导线，用环氧树脂将试样包封在聚四氟乙烯中，进行微区电化学测试。

　　图 5-4 所示为 X80 钢渗碳试样的显微硬度测试图，从图中可以看出试样边缘区域的硬度值明显大于中心，从边缘开始硬度逐渐降低，最外渗碳层的硬度高达 HV400，中心铁素体的硬度约为 HV200。说明渗碳处理达到了较好的效果，渗碳深度大约为 1mm，从边缘到中心，随着 C 含量的降低，Fe_3C 含量逐渐降低，硬度降低。

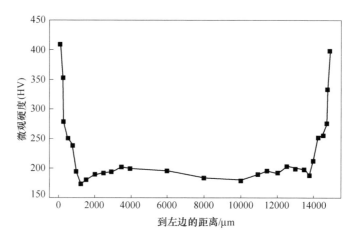

图 5-4　X80 钢表面渗碳后的显微硬度变化

图 5-5 所示为 X80 钢表面渗碳处理前后的基体组织，可以看到渗碳前 X80 钢的组织主要为贝氏体铁素体（BF）、多边形铁素体和第二相 M/A 岛。渗碳处理后，受到渗碳热效应的影响，X80 钢基体组织的部分 Fe_3C 发生球化，变为球状碳化物，球状碳化物的形成主要是加热过程中，较小的碳化物和 M/A 岛颗粒溶于基体，将 C 输送给选择性长大的较大颗粒，碳化物从 400℃ 开始球化，600℃ 以后发生集聚性长大。

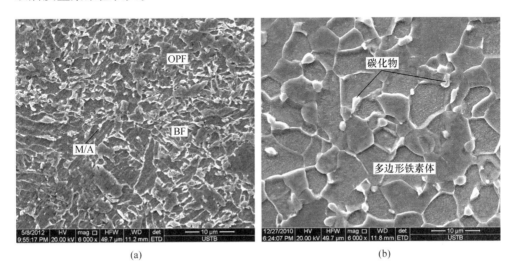

(a)　　　　　　　　　　　　　　　　　　(b)

图 5-5　X80 钢表面渗碳处理前后基体组织 SEM 照片
(a) 渗碳前；(b) 渗碳后

图 5-6 所示为 X80 钢渗碳试样从边缘开始的渗碳层显微组织变化 SEM 照片。从图中可见，最边缘为高碳区，含有夹杂和孔洞等缺陷，从高碳区开始随 C 含量的降低，珠光体含量逐渐降低，铁素体含量逐渐升高。高碳区内侧 C 含量大于 0.8%（为过共析层，为片状珠光体及块状碳化物的混合组织，图 5-6 (a)）；次外层 C 含量等于 0.8% 为共析层，为珠光体组织（图 5-6 (b)），退化珠光体晶界不明显，主要是由于与铁素体交替长大的渗碳体片由于 C 原子扩散减慢致使其纵向长大断续导致珠光体退化。第三层为亚共析过渡层（图 5-6 (c)），由珠光体、多边形铁素体和球状碳化物组成。亚共析层的 C 含量从 0.8% 逐渐下降，一直过渡到心部的 C 含量，也就是从析出微量铁素体开始，逐渐进入心部，铁素体含量随之增多，珠光体含量逐渐减少，直至心部低碳铁素体基体组织为止（图 5-6 (d)）。

从相腐蚀电化学的角度看，最外层由于都是粗大的 Fe_3C 阴极相，且其含量很高，仅仅在珠光体的片层间存在少量的铁素体相；接着就是纯珠光体相，含量

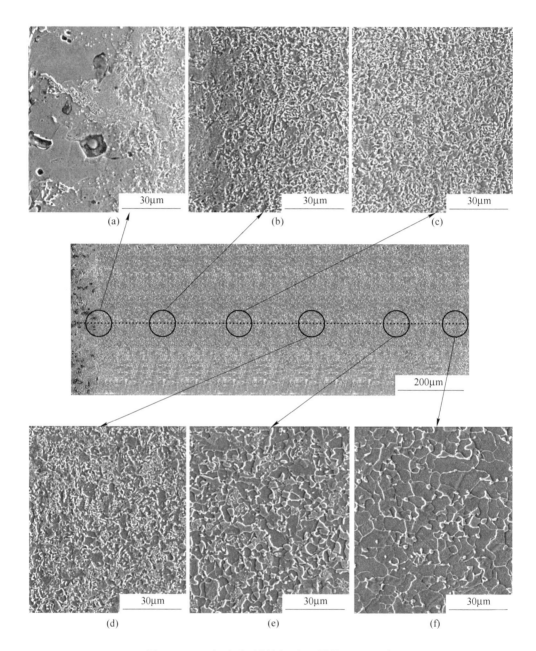

图 5-6　X80 钢渗碳试样剖面各区域的 SEM 照片

为 100%，由片层状的 Fe_3C 和铁素体相交错组成，局部构成腐蚀电偶；随着向心部深入，珠光体含量减少，先共析块状铁素体含量逐渐增加。从总体看，宏电池是表面为阴极区，心部为阳极区，如图 5-7 所示。

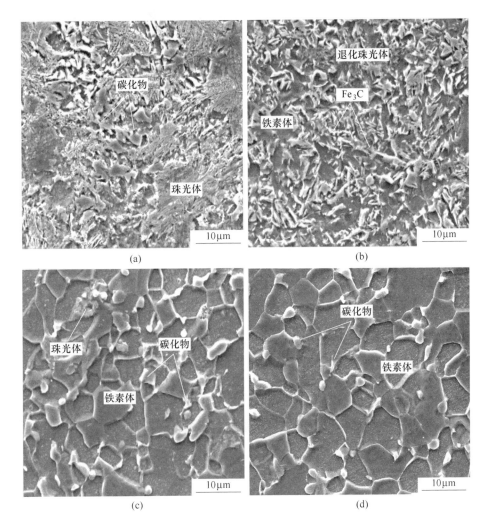

图 5-7　X80 钢渗碳试样 SEM 照片
（a）过共析层；（b）共析层；（c）亚共析层；（d）中心组织

　　图 5-8 和图 5-9 所示为 X80 钢表面渗碳试样在酸性土壤模拟溶液中的浸泡形貌 SEM 照片。图 5-8 为最外侧渗碳层的腐蚀形貌。从图中可以看出，最外侧多孔高碳区和由片层状珠光体与块状渗碳体组成的过共析层，完全不腐蚀，形成厚度约 300μm 的保护区（图 5-8（b））；D 类圆形夹杂物周围形成保护区，与 X80 钢热轧组织中的夹杂物腐蚀形貌相同（图 5-8（c））。渗碳试样从共析层开始发生腐蚀，退化珠光体组织的腐蚀形貌如图 5-9（a）所示。其中的铁素体基体发生优先腐蚀溶解，渗碳体保留。亚共析层中珠光体中的渗碳体保留，铁素体晶界和球状碳化物保留，如图 5-9（b）和图 5-9（c）所示。中心铁素体区的铁素体基体

晶粒内部优先发生腐蚀溶解，铁素体晶界和球状碳化物保留。最外侧高碳区和过共析层在酸性土壤模拟溶液中不腐蚀，形成厚度约 $300\mu m$ 的保护区。共析层开始发生腐蚀，其中的铁素体基体晶粒优先腐蚀作为阳极，Fe_3C 和铁素体晶界保留作阴极。

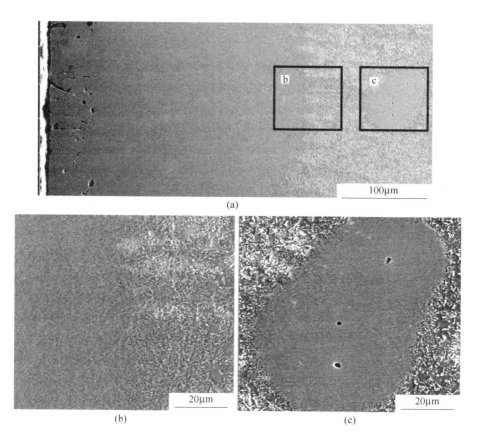

图 5-8　最外侧渗碳层在酸性土壤模拟溶液中的浸泡形貌

5.1.3　珠光体与其他组织协同腐蚀起源的实验观察

在马氏体和贝氏体中，由于形成过程中冷速过快，会含有过饱和的碳，同时会有较高的晶格畸变和残余应力。虽然两相的电化学行为还未得到彻底的研究，但研究者一般都认为残余应力和较高的碳含量可以导致更快的腐蚀速率。事实上已有研究通过外推阳极和阴极 Tafel 斜率获得腐蚀电流随着马氏体含量增加而略有增加的趋势，并指出在马氏体含量相近的情况下岛状马氏体更有利于提高钢的耐蚀性。这是因为岛状的马氏体分布，避免了大阴极相的存在，阴极相的弥散分布可以加强腐蚀过程中的极化作用。同样的结论在钢筋混凝土用钢中也得到了证

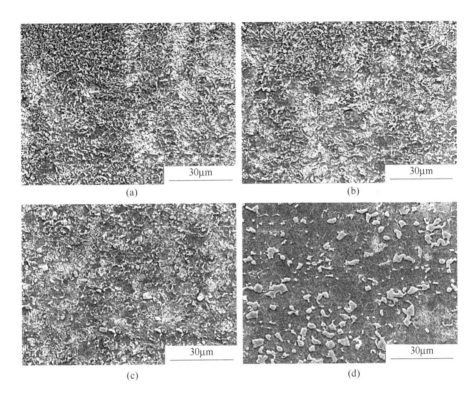

图 5-9　X80 钢渗碳试样在酸性土壤模拟溶液中浸泡 24h 的腐蚀形貌
（a）共析层；（b），（c）亚共析层；（d）中心铁素体区

明。在低合金高强钢中不同组织在 3.5% NaCl 溶液中的耐蚀性对比研究中发现，马氏体由于存在大量的缺陷，所以比针状铁素体和多边形铁素体具有更高的腐蚀速率。而针状铁素体可以形成更为致密和紧致的锈层，所以相对于多边形铁素体和马氏体更能降低腐蚀速率。马氏体钢组织中均匀弥散分布的球形 Fe_3C 作为阴极，不但能够加速 CO_2 腐蚀，而且对腐蚀产物起不到锚固作用，所以在腐蚀产物脱落的位置，会发生比较严重的局部腐蚀。M/A 岛在钢中的形成可以诱发钢基体溶解。在超低碳钢的研究中发现，M/A 岛可以和贝氏体铁素体形成腐蚀电偶，M/A 岛作为阴极相，促进钢基体的溶解，同样的现象在管线钢中也被证实。

在利用热处理研究贝氏体和珠光体对钢材耐蚀性的影响时发现，经过热处理后钢中形成的组织由针状贝氏体转化为铁素体加珠光体，如图 5-10 所示。在电化学极化曲线测量过程中，在浸泡 0h 时，珠光体＋铁素体组织试样的自腐蚀电位要高于贝氏体组织试样，这可能主要是由于珠光体＋铁素体试样中的铁素体占的面积较大，C 分布比较集中，主要分布在珠光体中。而铁素体的耐蚀性要优于贝氏体，所以导致热处理后试样的自腐蚀电位较高。而随着浸泡时间的增加，自

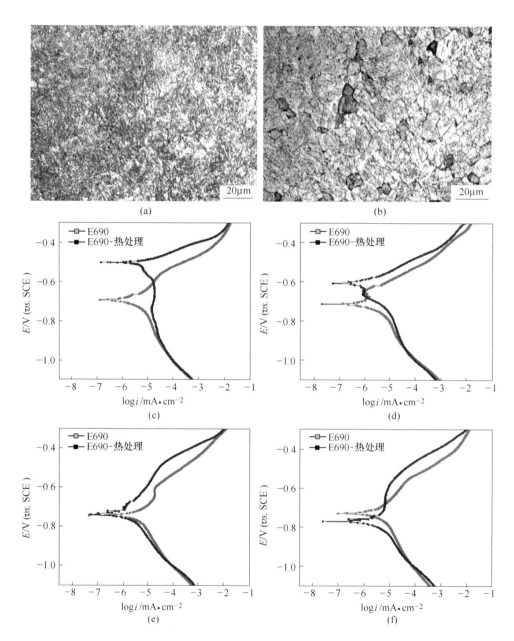

图 5-10 热处理前后试样中的微观组织及两种组织的电化学极化曲线
（a）贝氏体；（b）珠光体 + 铁素体；（c）0h；（d）4h；（e）12h；（f）24h

腐蚀电位差距逐渐缩小，在 12h 时，两者相等，在 24h 后热处理后试样的自腐蚀电位低于贝氏体试样，这可能是由于珠光体中 C 含量较高，形成的片状 Fe_3C 在后期对腐蚀的加速作用比较明显导致的。所以从长远来看，大阴极相的存在不利于钢材耐蚀性的提高。

两种不同组织诱发的点蚀坑如图 5-11 所示，可以看出，贝氏体钢中的点蚀坑，主要由试样中均匀分布的碳化物诱发，形成的点蚀坑相对较为光滑、孤立。而珠光体＋铁素体试样中形成的点蚀坑，主要为珠光体诱发周围钢基体的溶解形成的，形成的坑较分布比较集中。在晶界处珠光体周围钢基体的溶解较为明显。

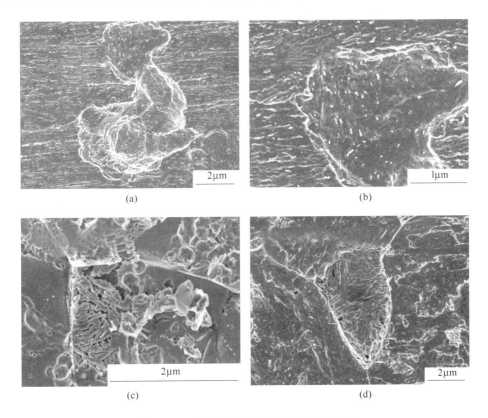

图 5-11　不同组织的钢表面点蚀坑的形貌
（a），（b）贝氏体；（c），（d）铁素体＋珠光体

由于珠光体相比于贝氏体和马氏体的耐蚀性较差，带来的危害性较高，所以对于低合金钢，需要通过热加工工艺获得铁素体＋适量贝氏体＋少量珠光体的结构用钢，即少珠光体组织调控技术。

综上所述，在珠光体和夹杂物共同存在时，夹杂物和珠光体同时发生溶解，这表明珠光体组织对腐蚀起源贡献与大尺寸夹杂物是等同的。珠光体与贝氏体和 M/A 岛相比具有较高电化学腐蚀活性。铁素体-珠光体结构钢的均匀腐蚀程度与珠光体含量正相关，其中的铁素体基体晶粒优先腐蚀作为阳极，Fe_3C 和铁素体晶界作阴极。

5.2　低合金钢腐蚀起源的微区电化学特性

图 5-12 所示为 X80 钢渗碳试样在空气（温度 25℃，湿度 60% RH）中的 SKP 扫描图像，为了消除 SKP 测量的边缘效应，测试从共析层开始。从图中可以看出共析层退化珠光体组织的 Kelvin 电位值最低，约 −700mV，从共析层开始随着 C 含量的降低，Kelvin 电位值逐渐升高，到中心多边形铁素体组织的 Kelvin 电位值基本不变，约 −300mV。从图中还可看出左侧渗碳区与铁素体基体的 Volta 电位差稍大于右侧渗碳区与铁素体基体的 Volta 电位差，从显微硬度曲线也可以看出左侧渗碳区与铁素体基体的硬度差值稍大于右侧渗碳区与铁素体基体的硬度差，分析认为主要是由于渗碳过程的不完全均匀性造成的。

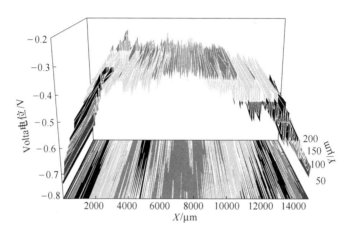

图 5-12　X80 钢渗碳试样的 SKP 测试

图 5-13 所示为 X80 钢渗碳试样在酸性土壤模拟溶液中的 SVET 面扫描图像，为了消除 SVET 测量的边缘效应，测试从共析层开始。从图中可以看出，浸泡开始 0.5h 时左侧渗碳层出现 SVET 电流峰值，其余区域电流密度相差不大。随着浸泡时间的延长，左侧渗碳层和中心铁素体基体的电流密度基本不变，浸泡 1.5h 时右侧渗碳层的电流密度开始增大，到浸泡 3.5h 时基本与左侧渗碳层的电流密度相等，X80 钢渗碳试样两侧渗碳层的 SVET 电流密度均高于中心铁素体基体组织。之后两侧渗碳层和中心铁素体基体的电流密度均随着浸泡时间的延长而增大。根据渗碳试样的 SKP 测试结果发现，左侧渗碳层与铁素体基体之间的 Volta 电位差大于右侧渗碳层与铁素体基体之间的 Volta 电位差，从而使左侧渗碳层与铁素体基体之间的电流密度差异优先显现出来。随着浸泡时间的推移，左侧渗碳层表面由于较高的腐蚀速率形成腐蚀产物导致其与铁素体基体间电位差的减小，左右两侧的差异消失，右侧渗碳层与铁素体基体之间的腐蚀电流密度差异逐渐显现出来。

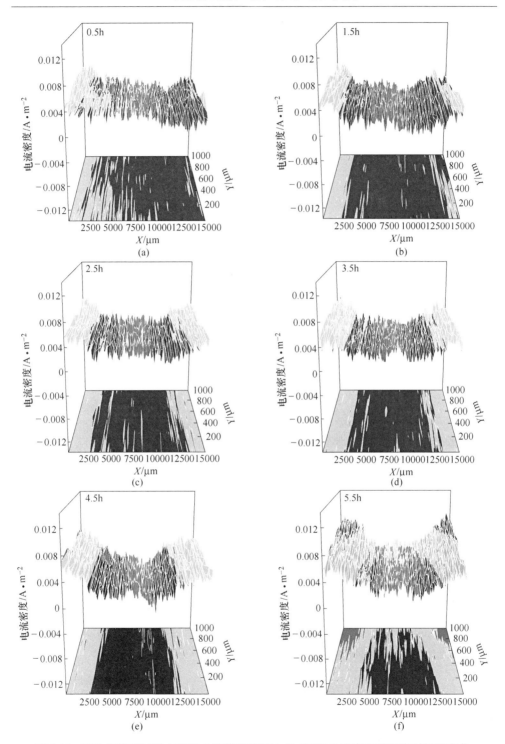

图 5-13　X80 钢渗碳试样在酸性土壤模拟溶液中的 SVET 电流密度随浸泡时间的变化

假设两种具有不同功函数和电子密度的金属 M_1 和 M_2 接触，电子由功函数较低的金属向功函数较高的金属迁移，直到两种金属对电子的吸引能力相等为止，意味着两种金属的费米能级相等。此时电子在两种金属中的电化学位相等：

$$\tilde{\mu}_e^{M_1} = \tilde{\mu}_e^{M_2} \tag{5-1}$$

已经知道材料的电化学位与伏打电位 ψ_e^M 和功函数 Φ^M 之间存在如下关系[9,10]：

$$\tilde{\mu}_e^{M_1} = -F\psi_e^M - \Phi^M \tag{5-2}$$

从式（5-1）和式（5-2）可以得出：

$$-\Phi^{M_1} - F\psi_e^{M_1} = -\Phi^{M_2} - F\psi_e^{M_2} \tag{5-3}$$

根据 X80 钢渗碳试样的 SKP 测试结果，退化珠光体区的 Kelvin 电位高达 $-0.7V$，中心铁素体区的 Kelvin 电位约为 $-0.3V$，因此假设 $\Delta\psi_{pearlite}^{probe} = -0.7V$，$\Delta\psi_{ferrite}^{probe} = -0.3V$。

$$\psi_e^{pearlite} = \psi_e^{probe} - \Delta\psi_{pearlite}^{probe} = \psi_e^{probe} + 0.7 \tag{5-4}$$

$$\psi_e^{ferrite} = \psi_e^{probe} - \Delta\psi_{ferrite}^{probe} = \psi_e^{probe} + 0.3 \tag{5-5}$$

根据式（5-3）可以求得珠光体和铁素体之间的功函差：

$$\Phi^{pearlite} - \Phi^{ferrite} = -F\psi_e^{pearlite} + F\psi_e^{ferrite} = -0.4eV \tag{5-6}$$

因此 $\Phi^{pearlite} < \Phi^{ferrite}$，说明铁素体的功函数大于珠光体，电子从铁素体铁原子中逸出所需要做的功比从珠光体铁原子中逸出所做的功多，因此阳极溶解反应（5-7）在退化珠光体中更容易发生。

$$Fe \rightleftharpoons Fe^{2+} + 2e \tag{5-7}$$

根据组织分析和腐蚀形貌观察，X80 钢经过渗碳处理后的共析和亚共析层中的铁素体基体晶粒作为微电偶的阳极，优先腐蚀，渗碳体作为阴极不腐蚀。根据电偶腐蚀效应，阴极所占面积比越大，阳极溶解反应被加速的程度越大，因此在 X80 钢渗碳试样中，渗碳体所占比例越多，铁素体基体晶粒的阳极溶解电流密度越大，从共析层开始到中心铁素体区，C 含量从 0.8% 逐渐降低，作为阴极的渗碳体含量逐渐降低，阳极溶解电流密度降低。

X80 钢渗碳试样的 Kelvin 电位随着 C 含量的降低逐渐升高。在酸性土壤模拟溶液中的 SVET 电流密度随着 C 含量的降低逐渐降低。最外侧高碳区和过共析层在酸性土壤模拟溶液中不腐蚀，形成厚度约 300μm 的保护区。共析层最早发生腐蚀，其中的片层状铁素体作为阳极优先腐蚀，片层状 Fe_3C 作为阴极而保留；然后腐蚀逐渐向先共析的块状铁素体蔓延，最后发展到中心组织。

5.3 晶粒大小、取向和畸变与腐蚀起源

5.3.1 晶粒大小与腐蚀起源

晶粒细化是一种能同时提高钢铁材料的强度和韧性的技术手段，翁宇庆等

人[11,12]通过完善细晶理论和组织控制技术，有力地推动了我国超细晶化理论及技术的发展。细晶化不仅可以改善钢材的力学性能还可以对其腐蚀性能产生影响。研究表明，晶粒细化可以减小不锈钢晶间腐蚀和点蚀速率，但会增加均匀腐蚀速率。普碳钢在 3.5% NaCl 溶液中，晶粒度为 15.8μm 的试样比 68.0μm 的试样表现出了更低的腐蚀速率[13]。同样的结果在工业污染大气和普通大气环境下也得到了验证，当碳钢的晶粒尺寸降低时，可以明显提高钢材的耐蚀性。在超低碳钢中，晶粒尺度的增加会增加锈层中的空洞和裂纹，导致锈层电阻的下降，进而减低材料的耐蚀性。晶粒细化可以减轻 IF 低碳钢晶界局部腐蚀，有助于提高其耐候性，但晶粒细化增加了基体缺陷重量，从而降低了材料的耐候性，二者同时影响着 IF 钢的耐候性。在低碳耐候钢中研究发现，晶粒细化可以加速钢材前期的腐蚀速率，快速在钢材表面形成保护性锈层。同时在高强度低合金钢中细晶粒钢尽管有较高的氢含量，仍比粗晶粒钢的抗氢脆性能优越。这是因为晶粒减小后，晶界区域增多，晶界捕获的可扩散氢可以更为有效地分布，同时每单位晶界捕获氢的标准数量降低，因此细晶粒钢表现出更良好的拉伸性能。晶粒细化是防止氢脆的有效方式之一[14]。Li 等[15]利用超声喷丸技术将低碳钢表面纳米化，使表面层晶粒尺寸大约为 20nm，整体随着距喷丸中心的距离而增加。随后测试其在 $Na_2SO_4 + H_2SO_4$ 的电化学行为，发现晶粒尺寸小于 35nm 的时候，对电化学行为有强烈的影响。低碳钢的腐蚀速率随晶粒尺寸的减小而增加，这可能是因为表面纳米化过程导致活性区域增多的缘故。晶界处的原子有着较高的能量，它们率先发生反应，晶界的体积分数越大，钢表面活跃的原子越多，进而导致阳极电流密度增加。而对于表面纳米化的钢，晶界的体积分数随着晶粒尺寸的增大而减小，这导致了活性原子减小，也就造成了阳极电流减小，这个影响当晶粒尺寸大于 35nm 时消失。

腐蚀疲劳研究中发现，裂纹在粗晶组织比细晶组织中扩展快；低合金结构钢中细晶区的 Volta 电位比粗晶区的电位高，粗晶区的腐蚀电流密度较大，说明粗晶区的耐蚀性差于细晶区。

5.3.2 晶粒取向与腐蚀起源

低合金结构钢属多晶体，物理化学特性通常情况下表现为各向同性。但组成多晶体的单个晶粒，却是有着一定取向的单晶体，其物理化学特性为各向异性。由于常见的钢铁是由取向各异的众多晶粒组成，所以宏观上一般体现为各向同性。钢铁构件在腐蚀性环境中运行容易遭环境介质浸蚀而失效，但在相同的环境下，组成钢铁的各个晶粒是并非以同样的速度被腐蚀介质消耗。比如对 α-铁素体在 3% 硝酸酒精溶液中，法向取向为 100 的晶面表现出最强的抗腐蚀性，法向取向为 111 的晶面，腐蚀速率最快，而法向取向为 001 的晶面腐蚀速率介于二者之间[16]。晶格取向对管线钢的应力腐蚀开裂也有一定的影响，法向取向为 110 和 111 的晶格比法向取向为 100 的晶格的应力腐蚀敏感性低[17]。

目前，低合金结构钢主流组织之一是针状铁素体（AF），但是其晶体学形貌和晶粒取向分布尚不是十分清楚。对 AF 进行深入的显微组织和晶体学研究有助于理解 AF 的演变及其力学性能，甚至其耐蚀性能。利用电子背散射衍射技术得到的针状铁素体晶粒取向差角度分布柱状图表明，其取向差角度分布出现两个峰值，一个出现在针状铁素体晶粒间的取向差在 0～5°范围内，另一个出现在针状铁素体与其邻近的马氏体/贝氏体晶粒的取向差在 50°～60°范围内。可以推测这些针状铁素体晶粒可能是从同一个奥氏体晶粒上生长演变形成的，也可能是针状铁素体晶粒在生长后期合并的结果。

研究表明，在交变应力的作用下，由于滑移台阶显露或者通过位错滑移机理，低指数晶面产生驻留滑移带（PSBs）。驻留滑移带处由于位错密度高或杂质在滑移带沉积等原因具有较高活性，受到优先腐蚀破坏，引起局部位置的应力增强，导致腐蚀疲劳裂纹萌生。E690 钢海水腐蚀疲劳试验中，对裂纹源处的试样形貌进行了观察，如图 5-14 所示。从图中可见，在较低应力下出现了沿与受力方向呈 45°角的贝氏体板条间开裂的二次裂纹，且部分与周向细小裂纹相交。随着峰值应力提高，裂纹源附近的细小裂纹逐渐减少，蚀坑增加，且裂纹转变为从蚀坑处萌生。

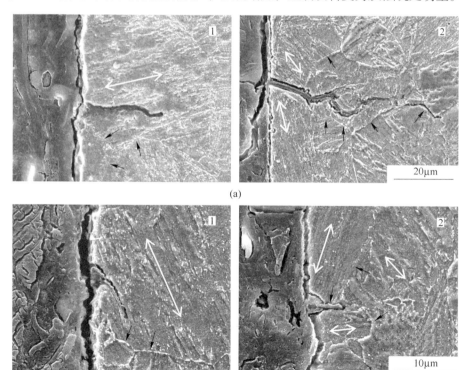

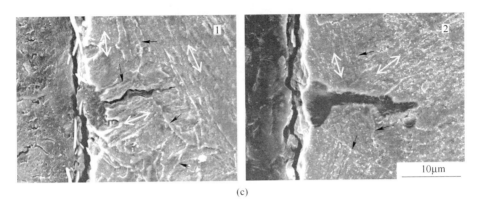

(c)

图 5-14 不同交变应力水平下 E690 钢在模拟海水中疲劳断口侧面二次裂纹的截面形貌
（双箭头为贝氏体板条排列方向，单箭头为原奥氏体晶界）
(a) $0.6\sigma_{p0.2}$；(b) $0.8\sigma_{p0.2}$；(c) $0.95\sigma_{p0.2}$

　　对不同交变应力水平下的细小裂纹进行 EBSD 表征，如图 5-15 所示。从图中可见，当峰值应力为 $0.6\sigma_{p0.2}$ 时，裂纹在晶界处萌生，向左沿着贝氏体板条界扩展，向右沿着原奥氏体晶界处扩展；当峰值应力为 $0.8\sigma_{p0.2}$ 时，裂纹在蚀坑处萌生，且蚀坑处于原奥氏体晶界处，裂纹先沿着许多小粒状铁素体晶界处扩展后又

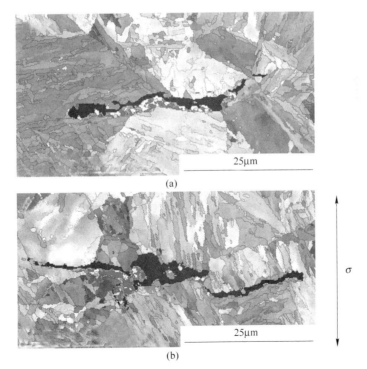

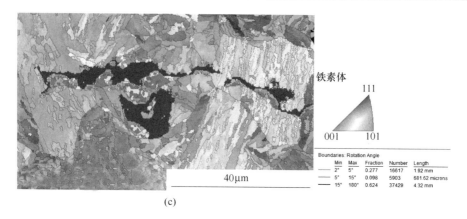

(c)

图 5-15　不同交变应力水平下 E690 钢在模拟海水中疲劳断口侧面二次裂纹的 EBSD 反转极图

(a) $0.6\sigma_{p0.2}$；(b) $0.8\sigma_{p0.2}$；(c) $0.95\sigma_{p0.2}$

穿过一较大粒状铁素体扩展，裂纹另一端先向下沿贝氏体板条界扩展后又向右沿原奥氏体晶界扩展；当峰值应力为 $0.95\sigma_{p0.2}$ 时，裂纹同样在原奥氏体晶界处的点蚀坑萌生，扩展模式均为撕裂贝氏体板条的穿晶扩展。

E690 钢在峰值应力为 $0.6\sigma_{p0.2}$ 的交变应力下分别腐蚀疲劳 10000 周和 15000 周的表面形貌如图 5-16 所示。腐蚀主要发生在原奥氏体晶界处，尤其是在三晶界交汇处，在贝氏体板条间也可见轻微腐蚀。从图 5-16 (b) 可见，15000 周后原奥氏体晶界处和贝氏体板条间的腐蚀进一步加重。腐蚀疲劳 28000 周后，如图 5-17 所示，已经产生明显的裂纹，且裂纹均沿原奥氏体晶界或贝氏体板条界萌生和扩展；统计结果表明，低应力下裂纹从原奥氏体晶界萌生占比 68.4%，超过从贝氏体板条界萌生的 2 倍，这说明裂纹从原奥氏体晶界萌生要比从贝氏体板条界萌生的阻力更小。

(a)　　　　　　　　　　　　　　　(b)

图 5-16　在峰值应力为 $0.6\sigma_{p0.2}$ 的交变应力下 E690 钢腐蚀疲劳后的表面显微形貌

(a) 10000 周；(b) 15000 周

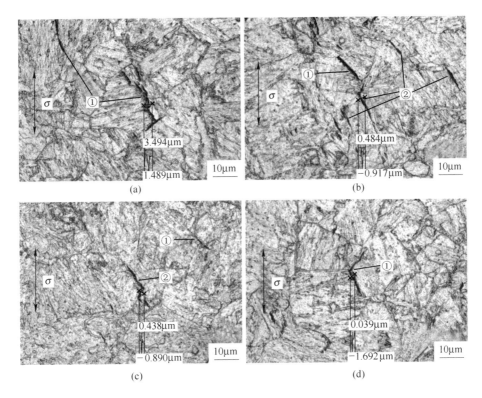

图 5-17　在峰值应力为 $0.6\sigma_{p0.2}$ 的交变应力下 E690 钢腐蚀疲劳 28000 周后的裂纹

图 5-18 所示为 E690 钢在峰值应力为 $1.05\sigma_{p0.2}$ 的交变应力下腐蚀疲劳 10000 周和 13000 周的表面微观形貌。表面已产生明显点蚀，点蚀在 13000 周时已发展为裂纹，当继续在模拟海水中腐蚀疲劳，该裂纹继续扩展直至试样断裂，裂纹萌生与扩展已经没有明显的取向性了。

在晶粒畸变方面，交变应力通过影响 E690 钢的位错密度和分布，影响表面位错露头和滑移台阶，从而使其裂纹萌生机制发生转变。图 5-19 所示为不同交变应力水平下 E690 钢疲劳断口裂纹源附近的 TEM 微观形貌。从图可见，E690 原始组织内部存在明显的贝氏体板条，贝氏体板条边界清晰，各贝氏体板条内部存在少量位错分布。在当峰值应力为 $0.6\sigma_{p0.2}$ 时，裂纹源附近的微观组织与原始试样组织类似，未见大量位错产生（图 5-19（b）），说明峰值应力远低于弹性极限的交变应力对组织无明显影响。当峰值应力为 $0.8\sigma_{p0.2}$ 和 $0.95\sigma_{p0.2}$ 时，贝氏体板条内部增加了许多位错，且更多位错塞积贝氏体板条界处（图 5-19（c）和（d））；其中图 5-19（d）中还可见呈平行条纹状的位错线，这是位错受交变应力发生滑移的证据。当峰值应力为 $1.05\sigma_{p0.2}$ 时，贝氏体板条界处塞积的位错更多，且向内部发展（图 5-19（e））。

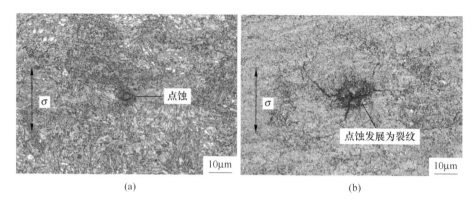

图 5-18　在峰值应力为 $1.05\sigma_{p0.2}$ 的交变应力下 E690 钢腐蚀疲劳后的表面显微形貌

（a）10000 周；（b）约 13000 周

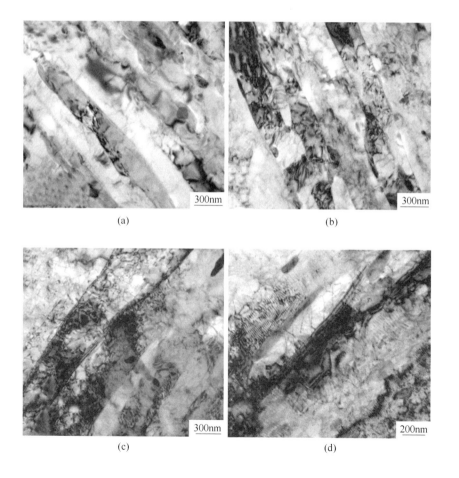

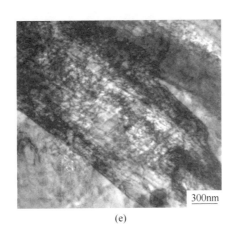

(e)

图 5-19 不同交变应力水平下 E690 钢疲劳断口裂纹源附近的 TEM 微观形貌

(a) 原始试样；(b) $0.6\sigma_{p0.2}$；(c) $0.8\sigma_{p0.2}$；

(d) $0.95\sigma_{p0.2}$；(e) $1.05\sigma_{p0.2}$

图 5-20 所示为 E690 钢显微组织的 EBSD 表征。从图 5-20（a）可见，E690 钢组织为原奥氏体晶界内贝氏体板条按照一定方向并行排列，晶界内的贝氏体板条的晶面取向差较小。因此，一个原奥氏体晶内的贝氏体板条常通过小角度晶界相连接，而不同原奥氏体晶粒则通过大角度晶界相邻。众所周知，大角度晶界的晶界能高于小角度晶界的晶界能，更易于腐蚀的萌生与扩展。从图 5-20（b）也可发现这一点，平均错位度图反映了微观残余应变或局部塑性形变的分布。因此，从图 5-20（b）可见，E690 钢的微观残余应变或局部塑性形变主要分布于原奥氏体晶界（深色线标示），还有少部分分布于贝氏体板条界（浅色线标示）。

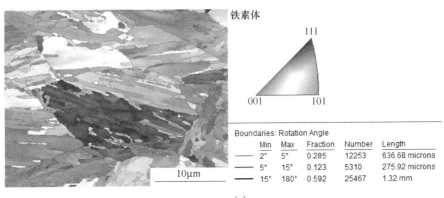

(a)

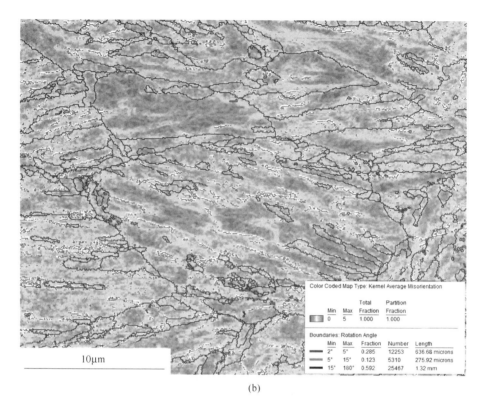

(b)

图 5-20　E690 钢显微组织的 EBSD 表征

（a）反转极图；（b）Kenel 平均错位度图

5.4　析出相大小与腐蚀起源

　　近几十年，Nb、V、Ti 作为高强度低合金钢中重要的微合金化元素，得到了广泛应用。Nb、V、Ti 与 C 有高的亲和力，在适当条件下可形成纳米尺寸的化合物析出，如图 5-21 所示。加热时阻碍原始奥氏体晶粒长大，在轧制过程中抑制再结晶及再结晶后的晶粒长大，使强韧性提高。析出相在低温时起到析出强化的作用，影响相变行为及显微组织，使强度提高。钢中 NbC 析出颗粒越多，组织越均匀，晶粒更细小，C 饱和度越低，内应力更低，钢的耐蚀性更好。含 Nb 和不含 Nb 钢焊缝区的母材、回火区、临界区、细晶区和粗晶区的电化学极化曲线如图 5-22 所示，表明含 Nb 钢相比不含 Nb 钢的耐蚀性更高。耐蚀性提高主要是因为更均匀的显微组织，增加小角度晶界，以及含铌钢中 Nb 和 NbC 析出引起的过饱和度和内应力较低。另外，由于 NbC 纳米析出相能够充当氢陷阱，能够捕集一定量的 H，所以添加 Nb 会使 X80 钢的氢脆敏感性降低，同时降低 X80 钢的腐蚀速率。

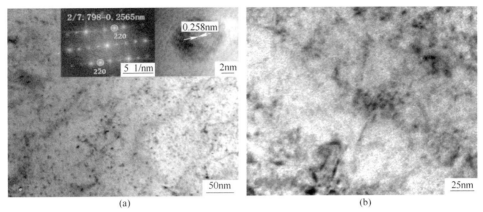

(a)　　　　　　　　　　　　　　(b)

图 5-21　含 Nb（a）与不含 Nb（b）HSLA 钢中 NbC 纳米析出相

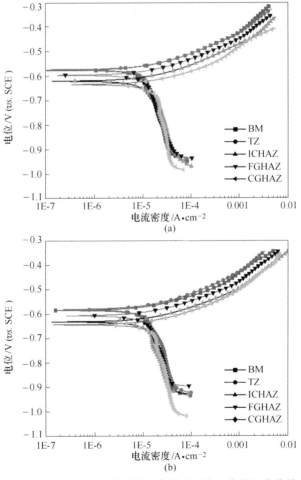

图 5-22　X80 钢和相应的模拟热影响区的电化学极化曲线

（a）含 Nb；（b）不含 Nb

　　NbC 的析出可以促使钢中微观组织结构均匀化，提高钢材的耐蚀性，虽然 NbC 作为阴极相，但由于尺寸多为纳米级别，不会造成较大的点蚀坑。NbC 析出相可以通过溶质拖曳和析出钉扎，细化奥氏体晶粒，从而影响组织与性能。Nb 可以在奥氏体分解为铁素体的相变过程中发生相间沉淀，从 α-Fe 基体中析出，起到析出强化的效果，提高力学性能。固溶状态的 Nb 在亚稳态起始阶段氧化生成 Nb_2O_5，使得钝化膜承受侵蚀离子攻击的能力增强。Nb 可以提高工业大气环境下钢材表面锈层的致密性，减少锈层中裂纹和空洞的数量，提高锈层的保护性，降低钢材阳极腐蚀电流密度，提高锈层的等效电阻和电荷传输电阻。NbC 析出相显著阻碍氢的扩散，延迟氢在含有大量纳米 NbC 析出相的高强度低合金钢中的渗透；细小至几纳米的 NbC 颗粒与钢的 α 相基体形成存在错配的共格界面结构，不仅能提高强韧性，还能提高钢的耐蚀性，特别是提高含氢条件下钢的耐应力腐蚀/氢致开裂能力，如图 5-23 所示。

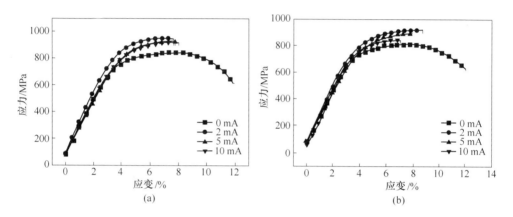

图 5-23　钢在不同充氢电流密度下的慢拉伸曲线（0.2mol/L NaOH 和 0.25g/L 硫脲溶液）
(a) 0.055% Nb, X80；(b) 不含 Nb, X80

　　微米级尺寸的析出相，对低合金结构钢的耐蚀性能是有害的。低合金结构钢中 NbC 析出相偶尔也会和 MnS 复合，形成纳米尺寸的复合析出相。在腐蚀环境下纳米析出相诱发的点蚀坑多为小而浅的点蚀坑，这些点蚀坑并不能发展成为稳定的点蚀坑。这主要是由于当夹杂物小于 $1\mu m$ 时所形成的点蚀坑，不足以维持让点蚀继续发展成为稳定点蚀坑的腐蚀环境。随着周围钢基体的溶解，纳米尺寸点蚀坑会随着溶解而消失。但是，微米级尺寸或更大尺寸的析出相，作为微腐蚀电池阴极的持久作用，随着其尺寸的增加而增大，故其对耐蚀性能的有害作用随着尺寸的增加而增大。

　　在马氏体钢或退化珠光体钢中，会有大量的碳化析出相，这些碳化物析出相也会诱发点蚀与裂纹的萌生，当钢中碳化物析出数量较多或其尺寸较大时，会诱发大量的点蚀坑出现。当析出相较少时，对钢材的耐腐蚀性能影响不明显；当数量较多时，会产生数量效应，减弱钢材的耐局部腐蚀性能。

5.5 小结

本章对低合金结构钢腐蚀的微纳米尺度组织结构起源问题进行了探讨，指出显微组织、晶粒大小和取向与畸变、析出相等几个方面是腐蚀的主要组织结构起源点。珠光体在腐蚀过程中自身的铁素体和 Fe_3C 可以构成腐蚀电偶，当自身的铁素体溶解完后，会导致周围先析出的铁素体溶解。在珠光体和夹杂物共同存在时，夹杂物和珠光体同时发生溶解，珠光体组织对腐蚀起源贡献与大尺寸夹杂物是等同的。X80 钢经过渗碳处理后，最表层的过共析组织不腐蚀，其原因是其组织都是阴极相 Fe_3C，而无阳极相。共析层最早发生腐蚀，其中的片层状铁素体作为阳极优先腐蚀，片层状 Fe_3C 作为阴极而促进腐蚀。随着 C 含量的降低逐渐降低，腐蚀逐渐向先共析的块状铁素体蔓延。

低合金结构钢中细晶区的 Volta 电位比粗晶区的电位高，粗晶区的腐蚀电流密度较大，粗晶区的耐蚀性差于细晶区，细晶化有利于腐蚀的极化，增加腐蚀过程阻力。大角度晶界的晶界能高于小角度晶界的晶界能，更易于腐蚀的萌生与扩展，为腐蚀疲劳裂纹的扩展提高扩展路径。在晶粒畸变方面，交变应力通过影响钢的位错的密度和分布，使得位错密度增加并影响表面位错露头和滑移台阶，从而使腐蚀裂纹萌生机制发生转变。

NbC 的析出可以促使钢中微观组织结构均匀化，提高钢材的耐蚀性，NbC 阴极相尺寸为纳米级别，不会导致稳态点蚀。夹杂物小于 $1\mu m$ 时所形成的点蚀坑，不足以维持让点蚀继续发展成为稳定点蚀坑的腐蚀环境。但是，纳米级析出相对晶间腐蚀、缝隙腐蚀、应力腐蚀和腐蚀疲劳的作用，是有利还是有害，尚缺乏系统研究结果。微米级尺寸的析出相，对低合金结构钢的耐蚀性能是有害的，微米级尺寸或更大尺寸的析出相，作为微腐蚀电池阴极的持久作用，随着其尺寸的增加而增大，故其对耐蚀性能的有害作用随着尺寸的增加而增大。

参 考 文 献

[1] 方智，赫连建峰. 用微电极研究 20 钢和 16Mn 钢微区相电化学行为 [J]. 腐蚀科学与防护技术，1996，8 (3)：195 - 200.

[2] Guo J, Yang S W, Shang C J. Influence of carbon content and microstructure on corrosion behavior of low alloy steels in a Cl⁻ containing environment [J]. Corrosion Science, 2008, 51: 242 - 251.

[3] 董杰吉，张思勋，王慧玉，等. 超低碳贝氏体高强度钢的腐蚀性能研究 [J]. 武汉科技

大学学报（自然科学版），2008，31（2）：127－131.

［4］李少坡，郭佳，杨善武，等. 碳含量和组织类型对低合金钢耐蚀性的影响［J］. 北京科技大学学报，2008，30（1）：16－20.

［5］Sarkar P P，Kumar P，Manna M K. Microstructural influence on the electrochemical corrosion behavior of dual-phase steels in 3.5% NaCl solution［J］. Materials Letters，2005，59：2488－2451.

［6］Ueda M，Takabe H. Effect of environmental factor and microstructure on morphology of corrosion products in CO_2 environments［C］. Corrosion，99，Houston，Texas：NACE，1999：13.

［7］Palacios A，Shadley J R. Characteristics of corrosion scales on steels in a CO_2 – saturated NaCl brine［J］. Corrosion，1991，47（2）：122－128.

［8］Dugstad A，Hemmer H，Seiersten M. Effect of steel microstructure on corrosion rate and protective iron carbonate film formation［C］. Proceedings of NACE Corrosion，2000（NACE 2000），Orlando，FL，2000：24.

［9］Parson R. Modern Aspects of Electrochemistry［M］. Bockris J O'M，ed. London：Butterworths，1954.

［10］Rivière J C. Solid State Surface Science［M］. Green M，ed. New York：Marcel Dekker，1969.

［11］翁宇庆. 超细晶钢理论及技术进展［J］. 钢铁，2005，40（3）：1－8.

［12］翁宇庆. 超细晶钢——钢的组织细化理论与控制技术［M］. 北京：冶金工业出版社，2008.

［13］Di Schino A，Barteri M，Kenny J M. Grain size dependence of mechanical，corrosion and tribological properties of high nitrogen stainless steels［J］. Journal of Materials Science，2003，38（15）：3257－3262.

［14］Chen S，Zhao M，Rong L. Effect of grain size on the hydrogen embrittlement sensitivity of a precipitation strengthened Fe-Ni based alloy［J］. Materials Science and Engineering：A，2014，594：98－102.

［15］Li Y，Wang F，Liu G. Grain Size Effect on the Electrochemical Corrosion Behavior of Surface Nanocrystallized Low-Carbon Steel［J］. Corrosion，2004，60：891－896.

［16］张彦文，王继辉，冀运东. α 铁晶粒取向与腐蚀速度的关系研究［C］. 中国腐蚀与防护学会. 2007 年全国腐蚀研究与表面工程技术研讨会，长沙，2007.

［17］Arafin M A，Szpunar J A. A new understanding of intergranular stress corrosion cracking resistance of pipeline steel through grain boundary character and crystallographic texture studies［J］. Corrosion Science，2009，51（1）：119－128.

6 低合金结构钢耐蚀性能的成分调控

成分调控是耐蚀低合金结构钢获得良好耐蚀性能的首要前提和关键。长期以来，发展低合金结构钢的强韧性和焊接性能以及其他性能都是首先围绕合金化，即成分调控开始的，并已取得了大量的研究成果，获得了系列化的低合金结构钢新品种。因此，发展耐蚀低合金结构钢也必须首先从成分调控开始，这是发展新型系列耐蚀低合金结构钢的前提和出发点。

迄今为止，人们从物理冶金理论、室外腐蚀试验、室内腐蚀加速试验和腐蚀电化学理论等四个方面出发，进行低合金结构钢耐蚀性能的成分调控研究，取得了一些研究成果。但是总体来讲，有关低合金结构钢耐蚀性能的成分调控的研究成果积累不够，特别是调控的研究多集中在均匀腐蚀这一种类型的调控上，对其他腐蚀类型，如点蚀、缝隙腐蚀、电偶腐蚀、应力腐蚀和腐蚀疲劳等类型的耐蚀性能调控的研究甚少，导致相关的耐蚀钢种缺乏。总之，低合金结构钢耐蚀性能的成分调控尚处在"炒菜"的经验阶段。

打破"炒菜"技术瓶颈的突破口之一是利用"腐蚀大数据"技术进行低合金结构钢耐蚀性能的成分调控。采用"材料基因工程"（MGE）的新理念和模式可以大幅度缩短新型耐蚀钢研发时间，提高其产品质量；也能为更准确地预测低合金结构钢装备的服役寿命提供技术支撑。材料基因工程的核心内容是：通过并发式计算和集成计算材料工程（ICME）加速新材料研发。基于 ICME 开展耐蚀材料设计需要海量腐蚀数据支撑，然而美国、欧洲已开展 ICME 的研究中仅从材料成分-结构及热力学角度判断材料耐蚀性，没有考虑腐蚀过程的动力学规律及其与服役条件下复杂环境因素之间的交互作用，有关耐蚀材料基因工程的研究工作刚刚开始。本章将叙述基于物理冶金理论、室外腐蚀试验、室内腐蚀加速试验和腐蚀电化学理论的低合金结构耐蚀性能成分调控的研究成果，对基于"腐蚀大数据"的耐蚀材料 ICME 设计思想进行展望。

6.1 基于物理冶金理论的耐蚀性能成分调控

碳钢是不耐蚀的，低合金钢的耐蚀性也是有限的，在强腐蚀介质和自然环境中都不耐蚀、物理冶金理论的发展，已经明确了常用合金元素按其在钢的强化机制中的作用可分为：固溶强化元素（C、Mn、Si、Al、Cr、Ni、Mo、Cu 等）、细化晶粒元素（Al、Nb、V、Ti、N 等）、沉淀硬化元素（Nb、V、Ti 等）以及相变强化元素（Mn、Si、Mo 等）。但是，从物理冶金理论的角度，以上合金化元素对低合金结构钢耐蚀性能的影响还无法理清，尤其是腐蚀过程与时间密切相关，合金元素在低合金结构钢中的分布和状态可能随着腐蚀时间的延长而发生巨大变化，即合金元素对耐蚀性能的调控作用是动态的，所以，基于物理冶金理论的耐蚀性能调控原则的研究结果是非常有限的。

6.1.1　合金元素对低合金结构钢耐蚀性能的作用

低合金钢中合金元素的作用主要是提高表面锈层的致密性、稳定性和附着性。能够改善钢耐蚀性的元素有铜、磷、铬、镍、钼、硅、稀土等，这些元素对耐蚀性的作用如下：

（1）铜。促使钢表面的锈层致密且提高附着性，从而延缓腐蚀。铜能显著改善钢的抗大气和海水腐蚀性能，当铜与磷共同存在钢中时作用更显著。铜加入量一般为 0.2% ~0.5%。

（2）磷。促使锈层更加致密，增大电阻，与铜联合作用时效果尤为明显，磷的含量一般为 0.06% ~0.10%，含量过高会增大钢的低温脆性。

（3）铬。铬是钝化元素，但在低合金钢中含量较低，一般为 0.5% ~3%，不能形成钝化膜，主要作用仍是改善锈层的结构，经常与铜同时使用，当钢中含 1% Cr 与 0.1% Cu 时，耐蚀性可提高 30%。Cr 在耐候钢中的含量约为 0.5% ~3%。

（4）镍。能使钢的腐蚀电位向正方向变化，增加钢的稳定性。A588 耐候钢中镍含量（质量分数）每增加 0.1%，腐蚀引起的损失减少 4%，腐蚀速率减小 7%（经过 11 年暴露）。

（5）硅。与 Cu、Cr、P、Ca 等元素配合使用，可改善钢的耐候性，较高的 Si 含量有利于细化 α-FeOOH，降低钢整体的腐蚀速率。

（6）钼。在钢中加入 0.2% ~0.5% 的钼能提高锈层的致密性和附着性，并促进生成耐蚀性良好的非晶态锈层；能有效抑制 Cl^- 侵入，提高钢在海洋大气下的耐蚀性。

（7）稀土。在钢材表面形成致密的稀土氧化膜，降低含 P 钢中 P 的偏析；Ce 降低 Cu 的活度，提高 Cu 在钢中的利用率；稀土在晶界上富集，提高晶界部分的电位，并抑制碳向该处偏聚；稀土对氢的溶解作用很大，使阴极强烈极化。

（8）碳。在钢中形成 Fe_3C，使耐蚀性明显下降，因此耐腐蚀低合金钢中的碳含量一般不超过 0.10%。

6.1.2　典型的低合金耐蚀钢

（1）耐候钢。由于阳极控制是大气腐蚀的主要因素，因此合金化对提高钢的耐蚀性有较大的效果，合金化元素中以 Cu、P、Cr 元素的效果最为明显。耐大气腐蚀低合金钢中最有效的元素是 Cu，一般含量为 0.2% ~ 0.5% 左右。通常认为，Cu 在内锈层富集，提高锈层的致密性和附着性。Cu 在钢中还能抵消 S 的有害作用，原因是 Cu 和 S 生成难溶的硫化物。

我国传统耐候钢主要包括铜系（16MnCu 钢、09MnCuPTi 钢、15MnVCu 钢及 10PCu 稀土钢）、磷钒系（12MnPV 或 08MnPV 钢）、磷稀土系（0.8MnP 稀土、12MnP 稀土钢）和磷铌稀土系（10MnPNb 稀土钢）等。

（2）耐海水腐蚀低合金钢。含有 Cr、Ni、Al、P、Si、Cu 等元素的低合金钢在海水腐蚀的过程中，在钢表面能够形成致密、黏附性好的保护性锈层。外锈层的相组成为 $\gamma\text{-Fe}_2\text{O}_3$、$\alpha\text{-FeOOH}$、$\gamma\text{-FeOOH}$ 和 $\beta\text{-FeOOH}$；中锈层有较多的 Fe_3O_4 及 α、γ、$\beta\text{-FeOOH}$。内锈层的结构根据合金不同有三种看法：一种认为内锈层为 $\alpha\text{-FeOOH}$ 微晶（约 30nm）；另一种认为形成结晶程度低、晶粒微细的 Fe_3O_4 结构；还有一种观点认为阻挡层 80% 是 $\beta\text{-FeOOH}$。这三种观点都确认 Cr、Ni、Al、P、Si、Cu 等元素在内锈层（阻挡层）中富集，甚至在蚀坑内的锈层中富集，对局部腐蚀的发展有阻滞作用。关于合金元素对锈层保护作用的机理，目前尚无定论。比较一致的看法是合金元素富集于锈层中，改变了锈层的铁氧化物形态和分布，使锈层的胶体性质发生变化而形成致密及黏附性牢的锈层，阻碍 H_2O、O_2、Cl^- 向钢表面扩散，从而改善了耐蚀性。

我国研制成功代表性的耐海水腐蚀低合金钢有 10CrMoAl、NiCuAs、08PVRE、10MnPNbRE、12Cr2MoAlRE 等，稀土元素的加入能改善局部腐蚀性能。

（3）工业环境耐腐蚀低合金钢。1）耐硫酸露点腐蚀钢。耐硫酸露点腐蚀钢的合金元素以 Cu、Si 为主，辅以 Cr、W、Sn 等元素，这些合金元素的作用主要是在钢表面形成致密、附着性好的腐蚀产物膜层，抑制进一步的腐蚀。如我国的 09CuWSn 钢（≤ 0.12C-0.20 ~ 0.40Si-0.40 ~ 0.65Mn-0.20 ~ 0.40Cu-0.10 ~ 0.15W-0.20 ~ 0.40Sn）和日本的 CRIA 钢（≤ 0.13C-0.20 ~ 0.80Si-≤ 1.40Mn-0.25 ~ 0.35Cu-1.00 ~ 1.50Cr），耐硫酸露点腐蚀性能比普通碳钢高出几十倍。2）耐硫化氢应力腐蚀钢。其特点是严格控制有害元素 P、S 含量，控制 Ni 含量，采用淬火加高温回火处理，加入 Mo、Ti、Nb、V、Al、B、稀土等元素，提高回火稳定性，促进细小均匀的球形碳化物形成，弥散强化提高强度，有效提高钢的抗硫化物腐蚀性能。这类钢具有较高强度级别及良好的抗硫化氢应力腐蚀开裂性能，广泛应用于石油、石油化工等领域。我国的典型耐 H_2S 钢有 12MoAlV、10MoVNbTi、15Al3MoWTi、12CrMoV 等。3）抗氢、氮腐蚀钢。200 ~ 400℃ 的中温抗氢钢以 Cr、Mo 为主要合金化元素。Cr 提高碳化物稳定性，也提高钢的抗氢腐蚀临界温度。Mo 比 Cr 具有更好的抗氢性能，减少氢在钢中的吸留量和透过度，Mo 在晶界偏析降低晶界能而使裂纹不易产生。在 Cr-Mo 钢中，含 Cr 量较高的钢抗氢化脆化性能较好。一些不含 Cr 的抗氢钢，以 Mo、V、Nb、Ti 等为合金元素，也具有良好的抗氢腐蚀和抗氢化脆化性能。

6.2 基于现场腐蚀暴晒试验的耐蚀性能成分调控

根据国家材料环境腐蚀试验站网积累的腐蚀数据，得到了碳钢（Q235）和 19 种低合金结构钢在我国黄海（青岛站）、东海（舟山站，厦门站）和南海（三亚站）不同区带（飞溅区，潮差区和全浸区）暴露 1 年、4 年、8 年、16 年的腐蚀速率数据。结果表明：碳钢黄海飞溅区的腐蚀速率最高，1 年腐蚀速率达到 0.32mm/a；碳钢南海全浸区的腐蚀速率最低，1 年腐蚀速率仅为 0.10mm/a；总体来说，在各个海域，碳钢在黄海的腐蚀速率最高；针对不同区带，碳钢在飞溅区的腐蚀速率最高；即对于我国的重点海域，黄海的腐蚀性最强；在海洋的不同区带中，飞溅区的腐蚀性最强。

6.2.1 合金元素对海洋用钢全浸区腐蚀的影响规律

19 种低合金结构钢在青岛、舟山、厦门和三亚 4 个试验站暴露 1 年、4 年、8 年、16 年的腐蚀结果表明，有些锰钢短期暴露的耐海水腐蚀性比碳钢有所提高。但长期暴露，锰钢的耐海水腐蚀性能没有明显的提高。这与 16 种海洋用低合金钢在我国三个海域暴露 7 年的腐蚀试验得到相同的结果是一致的。

铬钢在海水中腐蚀行为与碳钢有较大差别，这反映了铬元素对耐海水钢腐蚀性能影响的复杂性。试验发现，铬对钢耐海水腐蚀性的影响不仅与铬的含量有关，还与其他的复合合金元素有关。短期浸泡时，钢的耐海水腐蚀性随铬含量（无其他合金元素复合）增加而提高。长期浸泡，铬对钢的耐海水腐蚀性有害。约 1%Cr 与 Mo、Al 复合对耐海水钢腐蚀性的影响与单独添加 1%Cr 的影响没有明显差别；大于 2%Cr 与 Mo、Al 复合大幅度提高钢在海水中短期浸泡的耐蚀性，并使耐蚀性逆转时间明显推迟；小于 1%Cr 与 Mn-Cu、Cu-Si-V、Ni-Cu-P、Ni-Cu-Si、Ni-Mn 等元素复合对钢的耐海水腐蚀性有害。

6.2.2 合金元素对海洋用钢潮差区腐蚀的影响规律

对于整体长钢样的海水腐蚀来说，潮差区部分与全浸区部分构成氧浓差电池，潮差区作为氧浓差电池的阴极而受到保护，腐蚀较轻。因此，关于合金元素对钢在潮差区腐蚀的影响研究很少。

试验表明，低合金钢在海洋潮差区的耐蚀性并不比碳钢优越。一些低合金钢，如 10CrCuSiV、12CrMnCu、16Mn、09MnNb 等的耐蚀性比碳钢差。由此可得出，添加少量的合金元素对提高钢在潮差区的耐蚀性没有好的效果。合金元素Cr、Mn 等对钢在潮差区的耐蚀性有害。

潮差区锈层的研究结果也表明某些合金元素对钢的耐蚀性有害。对实海潮差区暴露 4 年的碳钢和低合金钢锈层进行了分析，结果表明，铬钢（10CrMoAl、12CrMnCu）的局部腐蚀增加是由于合金元素在锈层中分布不同所致。铬钢蚀坑外的锈层中有合金元素的富集，而蚀坑内及孔洞处锈层中一般无合金元素富集。锈层结构的不均匀，使钢表面存在着微阴极和微阳极，引起局部腐蚀。蚀坑内的腐蚀速率比蚀坑外大得多，因此，两种铬钢在潮差区的腐蚀比碳钢严重。另外，在海洋潮差区，钢的合金元素不同对钢内锈层湿润态阴极去极化反应有不同程度的影响。A3 钢的阴极过程以氧的还原为主，实海腐蚀速率较低；16Mn 和10CrMoAl 两种低合金钢内锈层中各种同素异构的 FeOOH 不同程度地参与还原-氧化自循环反应，使其实海腐蚀速率增大。

6.2.3 合金元素对海洋用钢飞溅区腐蚀的影响规律

飞溅区是海洋环境各区带中腐蚀最严重的区带，处于飞溅区的钢不适于应用阴极保护方法予以保护。采用涂料保护，也往往不够理想。因此，用合金化的方法来解决钢在飞溅区的腐蚀，就显得尤其重要。目前，关于合金元素对钢在海洋飞溅区腐蚀规律的研究不如耐海洋大气腐蚀那样明确。

19 种碳钢和低合金钢在青岛、厦门和三亚暴露的结果表明，多数低合金钢在飞溅区的耐蚀性优于碳钢，在各海域钢种的耐蚀性顺序基本一致。这表明合金元素或元素复合在不同的海域对钢飞溅区腐蚀的影响是基本相同的。分析表明，Mn、Si、Cr、Ni、Cu、Mo、P、V、Al 等合金元素对减轻钢飞溅区腐蚀都很有效，某些合金元素复合使用对提高钢在飞溅区的耐蚀性有更好的效果。如 Cu-P、Ni-Cu-P、Cr-Cu-Si、Cr-Cu-Mo-Si 等复合系列，美国的 Mariner 钢，日本的 Mariloy G50 等，都是著名的耐飞溅区腐蚀钢。

在青岛、厦门、三亚的试验结果表明，09CuPTiRE、12CrMnCu、10CrCuSiV在飞溅区的腐蚀比碳钢略轻。Ni 与 Cr-Mo 复合的 921 显示了较高的耐蚀性，合金含量达 7% 的 E2 也有好的耐蚀性，尤其在飞溅频率较低的飞溅环境，耐蚀性比碳钢提高近 10 倍。试验中发现有锰与钼复合的 14MnMoNbB、15MnMoVN 在青岛、厦门、三亚飞溅区的腐蚀都比 09CuPTiRE、12CrMnCu、10CrCuSiV 轻。这表明锰与钼复合对钢在不同海域飞溅区的耐蚀性都有好的效果。这一发现为发展耐飞溅区腐蚀钢提供了新的依据，合金元素对钢在海洋飞溅区腐蚀的影响效果汇总见表6-1。

表6-1　合金元素对钢在海洋飞溅区腐蚀的影响

元素	对减轻腐蚀	与其他元素复合的效果
Si	明显有效	与 Cu、Cr、Mo 等复合有更好的耐蚀性
Cu	有效	与 P 复合有良好效果
P	明显有效	与 Cu 复合效果很好，其次 Si、Cr、Cu
Mo	明显有效	与 Cr、Si 复合对点蚀更有效，其次与 Mn
Mn	有效	与 Mo 复合有好的效果
Ni	有效	与 Cu、P 复合有良好的效果
Cr	有效	
Al	没有好的影响	
V	不确定	

低合金钢中合金元素对钢海洋环境腐蚀过程的影响见表6-2。

表6-2　低合金钢中合金元素对海洋环境腐蚀的影响

合金元素	促使腐蚀减少	促使腐蚀增加	说　明
C		促使腐蚀增长，对所有海区均有害	但在实用范围内影响并不大
Si	可减少飞溅带的点蚀，与 Cu、Cr、Mo、Al、P 复合添加更有效。Si 对海水环境的耐蚀也有效		由于 Si 对焊接性能不利，通常含量不高，早期船用钢板几乎都不含 Si
Mn	没有多大效果，也有报道认为对飞溅区上部似有效		低合金钢中为了提高钢的强度和改善 S 的有害作用而往往加入1%以上的 Mn
P	对飞溅区及全浸区都有效，与 Cu 及 Si、Cr 等复合添加可提高效果		P 对钢的力学性能不利，通常含量在0.15%以下
Cr	一般认为 Cr 对飞溅带上部有利，对其下部和海水中效果不大，有的认为 Cr 在暴露初期有效或与 Cu 共存时才有效	认为对耐点蚀有害	Cr 在低于2%时的效果不明显
Al	与海水中单独添加的作用不如与 Cr 共存时有效	可能有利于点蚀的发展。对飞溅区、潮差区耐蚀不利	含量较多的 Al 给冶炼、加工、焊接增加困难
Ni	Ni 对改善飞溅区与潮差区的点蚀有效，Ni 与 Cu、P 相配合，对飞溅区效果明显		对于焊接结构件，Ni 有引起脆性的危险

合金元素	促使腐蚀减少	促使腐蚀增加	说　明
S		有害，但与 Cu 共存时危害性有所降低	随着炼钢技术的发展，钢水中 S 量明显降低，因此实际应用中 S 的危害性不大
Mo	对改善飞溅区的点蚀很有效，由于 Al、Cr 等有促使点蚀发展的倾向，所以往往复合添加 Mo。当 Mo 与 Si 共存时，可进一步提高钢的抗点蚀能力		

美国、日本主要针对飞溅区开发钢种。Ni-Cu-P 系 Mariner 钢在飞溅区显示了特别优良的耐蚀性能，这种钢主打元素为 Ni，在世界上已广泛用于飞溅区；缺点是含 P 过多，导致低温韧性很低，焊接加工性能很差，因此只适用于对焊接要求不高的部位，从而出现了日本取而代之的 Mariloy 钢。日本从经济性、焊接性及耐蚀性等方面对耐海水腐蚀钢的性能进行了研究，如为了抑制生产成本的提高，将高成本添加元素 Ni 替换为 Cr；为了进一步提高耐蚀性，考虑了 Ni-Cu-P 或 Cr 以外的其他合金元素，如添加 Al、Co、Mo、Nb、Ti 等元素对耐蚀性能的影响；为了扩大钢板桩或者钢桩以外的使用领域，着重提高焊接性及可加工性能，形成了具有自身特色的 Cu-Cr-P、Cu-Cr-Al、Cu-Cr-Mo 系列耐海水腐蚀钢。

6.3　基于室内腐蚀试验的耐蚀性能成分调控

6.3.1　耐候钢合金成分设计

设计 Cu、Cr 合金元素不同化学成分耐候钢试验材料，见表6-3。四种耐候钢组织结构如图6-1 所示。图6-1（a）中 W1 耐候钢的金相组织主要为铁素体和少量珠光体，铁素体晶粒平均尺寸为 $16\mu m$；图6-1（b）中 W2 耐候钢的金相组织主要为铁素体和珠光体，铁素体晶粒平均尺寸为 $10\mu m$；图6-1（c）中 W3 耐候钢的金相组织主要为铁素体和少量珠光体，铁素体晶粒平均尺寸为 $20\mu m$；图6-1（d）中 W4 耐候钢的金相组织主要为铁素体和珠光体，铁素体晶粒平均尺寸为 $12\mu m$。

表6-3　试验用 09CuPCrNi 系耐候钢的化学成分　　（%）

材料	主要化学成分										
	C	Si	Mn	S	P	N	Cu	Ni	Cr	O	Fe
Q235	0.16	0.20	0.61	<0.023	<0.019	<0.0045				<0.019	余量
W1	0.06	0.3	0.4	0.004	0.04	0.001	0.25	0.3	1.0		余量

材料	主要化学成分										
	C	Si	Mn	S	P	N	Cu	Ni	Cr	O	Fe
W2	0.06	0.3	0.4	0.004	0.04	0.001	0.60	0.3	1.5		余量
W3	0.06	0.3	0.4	0.004	0.04	0.001	0.25	0.3	2.0		余量
W4	0.06	0.3	0.4	0.004	0.04	0.001	0.50	0.3	3.0		余量

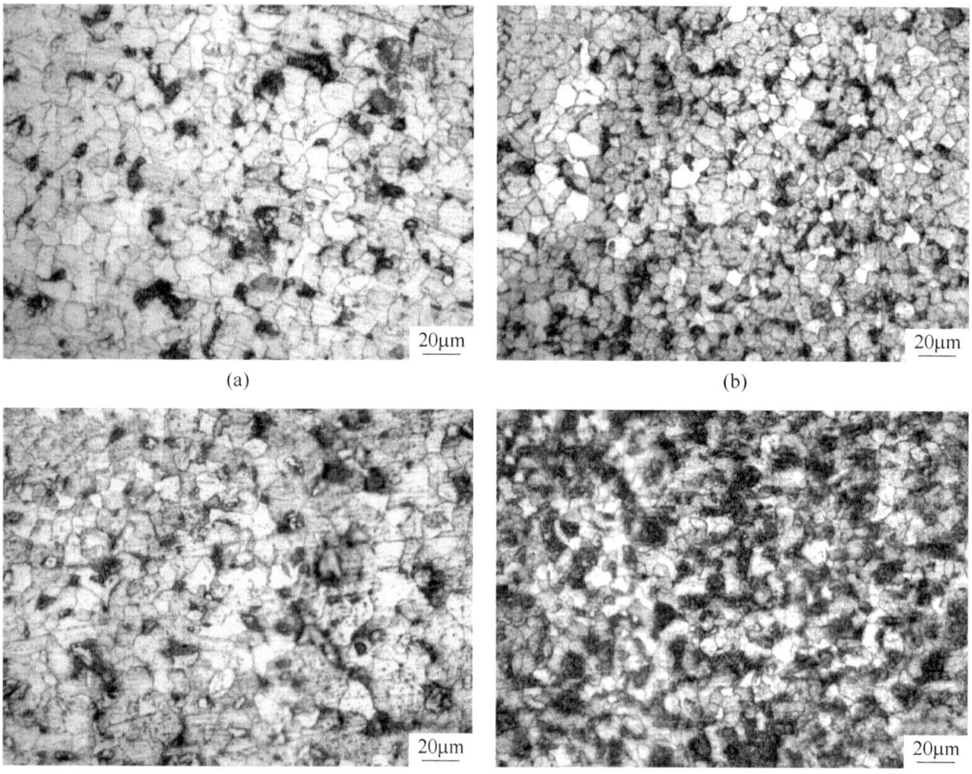

图 6-1　四种 09CuPCrNi 系耐候钢组织结构
（a）W1；（b）W2；（c）W3；（d）W4

6.3.2　耐候钢室内腐蚀试验

在温度 40℃、相对湿度 100% RH 的模拟湿热大气环境中，研究 Q235 碳钢与四种不同 Cu 和 Cr 含量耐候钢的腐蚀增重随时间变化规律，如图 6-2 所示。通过式（6-1）幂函数规律拟合的结果见表 6-4。

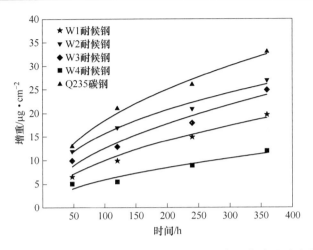

图 6-2　四种 09CuPCrNi 系耐候钢和 Q235 碳钢大气初期腐蚀动力学曲线

表 6-4　四种 09CuPCrNi 系耐候钢在模拟湿热大气环境中由式（6-1）拟合所得 D、n 值

编号	环境条件	合金元素/%	D_{48h}	n
Q235	40℃，100% RH	—	1.64546	0.51412
W1	40℃，100% RH	Cu0.23，Cr1.0	0.99831	0.3006
W2	40℃，100% RH	Cu0.60，Cr1.3	2.43322	0.40234
W3	40℃，100% RH	Cu0.23，Cr2.0	1.24938	0.30102
W4	40℃，100% RH	Cu0.30，Cr3.0	0.69698	0.46333

对实验数据进行幂函数拟合：

$$\frac{\Delta m}{A} = Dt^n \tag{6-1}$$

式中，Δm 为金属材料腐蚀增重，μg；A 为金属材料暴露表面面积，cm^2；t 为金属材料暴露时间，h；D、n 为常数（D 为初期腐蚀性能，与材料表面的化学性质和环境因素有关；n 为腐蚀发展趋势，随环境不同而变化）。

研究表明，在大气腐蚀的幂指数规律中，D 代表金属材料表面化学性质，D 值越小表明金属材料初期的耐大气腐蚀性能越好。从表 6-4 中拟合结果可以看出，$D_{W2} > D_{W3} > D_{W1} > D_{W4}$。$n$ 值代表金属材料大气腐蚀发展趋势，$n_{W2} < n_{W4} < n_{W1} < n_{W3}$。这说明大气腐蚀初期耐候钢中的 Cu 和 Cr 元素对改善耐大气腐蚀性能起了相当重要的作用。但从实验结果分析，在四组含有不同 Cu 和 Cr 的耐候钢中，对比具有相同 Cu 和不同 Cr 含量的 W1 和 W3 两种耐候钢结果，$D_{W3} > D_{W1}$，表明单纯提高 Cr 含量并不能有效改善耐候钢的耐蚀性能。而 W2 耐候钢初期的耐大气腐蚀性比较差，说明单纯提高 Cu 含量也不能提高耐候钢初期的耐大气腐蚀性能。Cu 和 Cr 含量比较高的 W4 耐候钢初期的耐大气腐蚀性最好，表明 Cu 和 Cr 相匹配加入到耐候钢中才能大幅度地改善耐候钢的耐大气腐蚀性能。随着 Cu

含量的增加，代表金属材料大气腐蚀发展趋势的 n 值降低，说明 Cu 有助于减弱耐候钢的大气腐蚀发展趋势。

Cu 和 Cr 合金元素对耐候钢大气腐蚀的作用程度分别按 D 值和 n 值化学元素影响系数值。根据表 6-5 中系数值大小，最终判断出在四种耐候钢中 Cu 和 Cr 合金元素对耐候钢的大气腐蚀具有改善作用。

表 6-5　按照式（6-1）中 D、n 值确定的耐候钢 Cu 和 Cr 合金元素影响系数值

影响系数	D			n		
	k	k_{Cu}	k_{Cr}	k	k_{Cu}	k_{Cr}
耐候钢	1.72894	-0.98170	0.25107	0.47452	0.02566	0.00042
	$D = 1.72894 - 0.98170[Cu] + 0.25107[Cr]$			$n = 0.47452 + 0.02566[Cu] + 0.00042[Cr]$		

从图 6-3 所示四种耐候钢进行周期浸润腐蚀的评估结果中可以看到，W4 耐候钢具有很好的耐大气腐蚀性能，W1 耐候钢在前期（10 天实验结果）具有比 W2 耐候钢好的耐大气腐蚀性能，但在 30 天的实验结果可以看到，W1 耐候钢大气腐蚀发展趋势要比 W2 和 W4 耐候钢明显。在前面四种耐候钢的室内加速初期腐蚀的幂函数拟合结果中，代表金属材料大气腐蚀发展趋势的 n 值规律为：$n_{W2} < n_{W4} < n_{W1} < n_{W3}$，与周期浸润实验腐蚀评估结果相符合，这表明 Cu 有助于减缓大气腐蚀的发展。

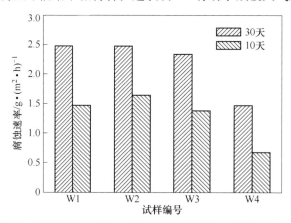

图 6-3　四种 09CuPCrNi 系耐候钢周期浸润试验腐蚀失重率

四种 09CuPCrNi 系耐候钢周期浸润腐蚀加速试验表明，四种耐候钢表面都附着红褐色疏松的锈层，外锈层附着力比较差，容易剥落。W2 耐候钢的表面锈层附着力最差，部分区域出现起泡和锈层剥落现象，其他三种耐候钢的表面锈层相对比较均匀。随着周期浸润实验的延长，四种耐候钢表面锈层颜色加深，锈层更加致密。在 720h 后，耐蚀性能较好的 W4 耐候钢的表面锈层呈暗黑色，锈层致密不易剥落。耐蚀性能较差的 W2 耐候钢的表面锈层的附着力较差，锈层在外力作用下容易剥落。显微激光拉曼光谱分析结果表明，W4 耐候钢具有紧密均匀的锈层结构，α-FeOOH 腐蚀产物在锈层中占有的较大比例，外锈层局部区域含有 γ-

Fe_2O_3 腐蚀产物的结构疏松区域并没有贯穿锈层。经过 10h 的周期浸润实验，W1 和 W3 耐候钢锈层具有与 Q235 碳钢相近的 XRD 分析结果：α-Fe、γ-FeOOH、α-FeOOH 和少量 α-Fe_2O_3，但是 W2 和 W4 耐候钢没有明显的 α-Fe_2O_3 峰。随着实验周期的增加，结果表明 γ-FeOOH 和 α-FeOOH 的峰强度增加，其中 W2 和 W4 耐候钢的 α-FeOOH 的峰强度显著增加，表明腐蚀产物 α-FeOOH 逐渐增多，成为锈层中主要的腐蚀产物。经过 60h 和 120h 的周期浸润实验，分析结果中仍存在 α-Fe，此时厚度的锈层还不能阻碍 X 射线穿透。经过 240h 的周期浸润实验，XRD 分析结果中已不存在 α-Fe，说明锈层变厚可以阻碍 X 射线穿透。分析结果表明的锈层是由 α-FeOOH 和 γ-FeOOH 腐蚀产物所构成，W2 和 W4 耐候钢高于 Q235 碳钢、W1 和 W3 的 α-FeOOH 峰强度。

6.3.3 耐候钢室内腐蚀评价

耐候钢较普通钢具有良好的抗大气腐蚀能力，其中合金元素起了决定作用。Cu 是在耐候钢中对提高耐蚀性能最有效的合金元素。Cu 在耐候钢中的作用有两种不同的理论：（1）阳极钝化。Cu 在大气腐蚀过程中起着活化阴极的作用，在氧到达阴极的速率足够大，而且不存在破坏铁钝化的活性阴离子 Cl^- 等的条件下，可以促使耐候钢产生阳极钝化。（2）表面富集。Cu 在锈层表面富集，Cu 及其他合金元素富集在锈层内表面（即靠近基体的内锈层中），提高了锈层的致密性和保护性，从而提高了耐大气腐蚀性能。在耐候钢中 Cu 具有抵消 S 的有害作用的明显效果，并且 S 含量越高，Cu 降低腐蚀速率的相对效果越明显。

P 是提高耐候钢大气腐蚀性能最有效的合金元素之一。研究表明，当 P 与 Cu 同时加入钢中，可以显示出更好的复合效应。在大气腐蚀条件下，钢中的 P 是阳极去极化剂，P 在钢中能加速钢的均匀溶解和 Fe^{2+} 的氧化速度，有助于在钢表面形成均匀的 FeOOH 锈层，促进生成非晶态羟基氧化铁 $FeO_x(OH)_{3-2x}$ 致密保护膜，从而构成了阻止腐蚀介质进入基体的保护屏障。

Cr 对改善钢的钝化能力具有明显效果。研究表明，在耐候钢中单独添加 Cr 并不提高耐大气腐蚀性能，如果 Cr 与 Cu、P、Si 等合金元素匹配加入，则能够大幅度提高耐蚀性能。金属表面含有 Cr、Cu、P 等合金元素，可使 α-FeOOH 和 γ-FeOOH 向非晶态转化，形成致密的稳定化锈层。

通过室内腐蚀试验与分析，快速评价出 W4 耐候钢的耐蚀性高于 Q235 碳钢、W1、W2 和 W3。

6.4 基于腐蚀电化学的耐蚀性能成分调控

6.4.1 纯金属的热力学稳定性

各种金属在电解质中的热力学稳定性，可根据金属标准电极电位来近似地判断。标准电极电位越负，则热力学上越不稳定；而标准电极电位越正，热力学上越稳定。在电解质环境中，腐蚀发生的可能性取决于金属的电极电位和氧化剂的电极电位两者，即取决于腐蚀电池的电动势。例如，Cu 在盐酸中不会发生析氢腐蚀，但可以发生缓慢的吸氧腐蚀；Cu 在硝酸中由于硝酸根的还原可以发生快速腐蚀。

表 6-6 为所有金属的标准电极电位序和腐蚀的热力学可能性。根据 pH = 7（中

表 6-6　金属在 25℃时的标准电极电位（$E_H^\ominus$）及其腐蚀倾向的热力学特性

（电极反应 M = M^{n+} + ne，在表中用 M - ne 符号表示）

热力学稳定性的一般特性	金属及其电极反应	$E_H^\ominus$/V	热力学稳定性的一般特性	金属及其电极反应	$E_H^\ominus$/V
				Cd - 2e	- 0.402
	Li - e	- 3.045		In - 3e	- 0.342
	Re - e	- 2.925		Tl - e	- 0.336
	Rb - e	- 2.925	（2）热力学上不稳定的金属（半贱金属），无氧时在中性介质中是稳定的，但在酸性介质中能被腐蚀	Mn - 3e	- 0.283
	Cs - e	- 2.923		Co - 2e	- 0.277
	Ra - 2e	- 2.92		Ni - 2e	- 0.250
	Ba - 2e	- 2.90		Mo - 3e	- 0.20
	Sr - 2e	- 2.89		Ge - 4e	- 0.15
	Ca - 2e	- 2.87		Sn - 2e	- 0.136
	Na - 2e	- 2.714		Pb - 2e	- 0.126
	La - 3e	- 2.52		W - 3e	- 0.11
	Ce - 3e	- 2.48		Fe - 3e	- 0.037
	Y - 3e	- 2.372		Sn - 4e	+ 0.007
	Mg - 2e	- 2.37		Bi - 3e	+ 0.216
	Am - 3e	- 2.32		Sb - 3e	+ 0.24
	Sc - 3e	- 2.08		Re - 3e	+ 0.30
	Pu - 3e	- 2.07		As - 3e	+ 0.30
（1）热力学上很不稳定的金属（贱金属），甚至在不含氧的中性介质中也能被腐蚀	Th - 4e	- 1.90	（3）热力学上中等稳定的金属（半贵金属），当无氧时，在中性和酸性介质中是稳定的	Cu - 2e	+ 0.337
	Np - 3e	- 1.86		Te - 2e	+ 0.40
	Be - 2e	- 1.85		Co - 3e	+ 0.418
	U - 3e	- 1.80		Cu - e	+ 0.521
	Hf - 4e	- 1.70		Rh - 2e	+ 0.60
	Al - 3e	- 1.66		Tl - 3e	+ 0.723
	Ti - 2e	- 1.63		Pb - 4e	+ 0.784
	Zr - 4e	- 1.53		Hg - e	+ 0.789
	U - 4e	- 1.50		Ag - e	+ 0.799
	Ti - 3e	- 1.21		Rh - 3e	+ 0.80
	V - 2e	- 1.18	（4）高稳定性金属（贵金属），在含氧的中性介质中不腐蚀，在含氧或氧化剂的酸性介质中可能腐蚀	Hg - 2e	+ 0.854
	Mn - 2e	- 1.18		Pb - 2e	+ 0.987
	Nb - 3e	- 1.10		Ir - 3e	+ 1.00
	Cr - 2e	- 0.913		Pt - 2e	+ 1.19
	V - 3e	- 0.876	（5）完全稳定的金属，在含氧的酸性介质中是稳定的，含氧化剂时能够溶解在络合剂中	Au - 3e	+ 1.50
	Ta - Ta$_2$O$_3$	- 0.81		Au - e	+ 1.68
	Zn - 2e	- 0.762			
	Cr - 3e	- 0.74			
	Ga - 3e	- 0.53			
	Fe - 2e	- 0.440			

性溶液）和 pH = 0（酸性溶液）的氢电极（ - 0.414V；0.000V）和氧电极（ + 0.815V；+ 1.23V）的平衡电位值，可分为 5 个具有不同热力学稳定性的组。从表6-6 中的数据可以看出：

（1）有些金属，如 Fe、Cu、Hg 等有几种氧化方式，对不同的电极反应（形成价数不同的离子）有不同的电位。根据具体的反应，它们可能排在不同组别。

（2）金属的电位越负，氧化剂的电位越正，金属越容易腐蚀。因此，在自然条件下，或在中性水溶液介质中，甚至在无氧存在时，很多金属在热力学上是不稳定的，只有极少数金属（4、5 组）可视为稳定的。即使电极电位很正的金属（4 组），在强氧化性介质中，也可能变为不稳定。如在含氧的酸性介质中，只有金可以认为是热力学稳定的；但在含有络合剂的氧化性溶液中，金的电极电位变负，也成为热力学上不稳定的金属。

元素周期表是根据原子序数与结构排列的，金属在元素周期表中的位置反映了其热力学稳定性的内在因素，因此金属的耐蚀性与其位置存在一定的关系。就一般的耐蚀性而言，随着原子序数的增加，可以看出金属的耐蚀性呈现出一定的周期性变化。普遍规律如下：

（1）对于常见金属，在同一族中，金属的热力学稳定性随元素的原子序数增大而增加。

$$
\begin{array}{c|ccccc}
\text{稳} & Cu & Zn & Fe & Co & Ni \\
\text{定} & Ag & Cd & Ru & Rh & Pd \\
\text{性} & Au & Hg & Os & Ir & Pt \\
\text{增} & & & & & \\
\text{大} \downarrow & & & & &
\end{array}
$$

（2）最容易钝化的金属位于长周期的偶数列的Ⅳ、Ⅵ族。

$$
\begin{array}{cccccc}
Ti & V & Cr & Fe & Co & Ni \\
Zr & Nb & Mo & Ru & Rh & Pd \\
Hf & Ta & W & Os & Ir & Pt
\end{array}
$$

这些都是原子的内电子层未被填满的金属。在同一族中，随着原子序数的增大，金属呈现的钝态稳定性略减。

（3）最活性的金属位于第 1 主族，比较不稳定的金属则位于第 2 主族。它们的活性按箭头的方向而顺序增加：

$$
\begin{array}{c|cc}
\text{活} & Li & Be \\
\text{性} & Na & Mg \\
\text{增} & K & Ca \\
\text{加} & Rb & Sr \\
\downarrow & Cs & Ba \\
 & Fr & Ra
\end{array}
$$

6.4.2　影响纯金属耐蚀性的动力学因素

　　除了从热力学稳定性判断金属的耐蚀性之外，还必须考虑动力学因素。有些金属，虽然在热力学上是不稳定的，但是在适宜的条件下，能发生钝化而转为耐蚀。常见的最易钝化的金属有 Zr、Ti、Nb、Ta、Al、Cr、Be、Mo、Mg、Ni、Co、Fe 等。多数是在氧化性介质中容易钝化，而在含 Cl^-、Br^-、F^- 等离子的介质中，钝态易受破坏。也有些在热力学上不稳定的金属，在腐蚀过程中由于生成一层比较致密的保护性良好的腐蚀产物层，从而提高了它们的耐蚀性，如铁在磷酸盐中、锌在大气中、铅在硫酸溶液中等的腐蚀均属于此。

6.4.3　提高金属材料耐蚀性的成分调控原理和途径

　　工业上以纯金属作为耐蚀材料使用的情况有限，应用较多的是 Fe、Cu、Ni、Ti、Al、Mg 等金属的合金。因此，了解如何通过成分调控来提高金属材料的耐蚀性是十分必要的。由腐蚀电池电极的极化理论可知：

$$I = \frac{E_c^\ominus - E_a^\ominus}{P_c + P_a + R}$$

6.4.3.1　成分调控途径一：提高金属的热力学稳定性，增大 $E_a^\ominus$ 值

　　在腐蚀体系确定的情况下，假定 $E_c^\ominus$ 值不变，增大 $E_a^\ominus$ 值能使 $E_c^\ominus - E_a^\ominus$ 值减小，从而减小腐蚀电流。金属腐蚀电池的电动势 $E_c^\ominus - E_a^\ominus$ 是腐蚀过程的推动力，可以反映金属发生腐蚀可能性的大小。在阴极极化电阻 P_c、阳极极化电阻 P_a 和腐蚀系统总电阻 R 不变的情况下，$E_c^\ominus - E_a^\ominus$ 越小，则腐蚀电流越小。$E_a^\ominus$ 值越正，反映了金属的热力学稳定性越高。

　　因此，在平衡电位较低、耐蚀性较差的金属中加入平衡电位较高的合金元素（通常为贵金属），可使合金的 $E_a^\ominus$ 升高，增加热力学稳定性，使腐蚀速度降低。例如，在 Cu 中加 Au，在 Ni 中加 Cu。这是由于合金化形成的固溶体或金属间化合物使金属原子的电子壳层结构发生变化，使合金能量降低的结果。

　　合金的电位与其成分的关系尚无法根据理论进行计算，但是人们也发现了一些实验规律。1919 年，Tammann 发现在一些二元固溶体合金中合金组分原子分数为 $n/8$（$n=1$、2、3、4）时，在某些腐蚀介质里的腐蚀速度发生显著变化，这就是著名的塔曼定律或 $n/8$ 定律。以 Cu-Au 合金为例，在 90℃ 浓硝酸中，当 Au 的质量分数为 50% 时，化学稳定性突然增高。$n/8$ 定律只是实验规律，并不能解释所有合金的腐蚀现象，目前对 $n/8$ 定律也缺乏满意的理论解释。

　　耐蚀 Ni-Cu 合金是应用上述原理的典型例子。Ni 中加入 Cu 后可以提高在稀盐酸、硫酸、磷酸、氢氟酸中的耐蚀性能。但是通过加入热力学稳定的合金元素提高合金耐蚀性，在实际中的应用是有限的。原因是：一方面需要使用大量的贵

金属，例如，在 Cu-Au 合金中，Au 的加入量需要达到 25% ~ 50%（摩尔分数），价格过于昂贵；另一方面，合金元素在固体中的固溶度往往有限，很多合金难以形成高含量合金组元的单一固溶体。

6.4.3.2　成分调控途径二：阻滞阴极过程

在其他条件不变的情况下，可以通过增加阴极极化率 P_c，使阴极反应受阻，达到降低腐蚀电流的目的。在腐蚀过程主要受阴极控制时，而且阴极过程的阻滞不是靠浓差极化，而是取决于阴极去极化剂还原过程的动力学时，采用合金化的办法阻滞阴极过程可以使腐蚀减轻。

对于阴极析氢腐蚀过程，可以通过下面两种方法阻滞阴极过程，提高合金的耐蚀性。

（1）消除或减少阴极面积。阴极析氢过程主要在析氢过电位低的阴极性组分或第二相夹杂上进行。减少它们的数量或面积，将增加阴极反应电流密度，从而增加阴极极化程度，提高合金的耐蚀性。因此，在冶炼时提高合金的纯净度是十分有益的。通过固溶处理消除或减少阴极相的有害作用，如硬铝的固溶处理以及碳钢、马氏体不锈钢的淬火处理便能提高耐蚀性。但这种方法有局限性，因为在确保合金力学性能的固溶（或淬火）后进行的时效（或回火）处理过程中，阴极相会重新出现。

（2）提高阴极析氢过电位。在合金中加入析氢电位高的元素，可以显著降低合金的腐蚀速度。工业 Zn 中常含有电位较高的 Fe 或 Cu 等金属杂质，由于 Fe、Cu 的析氢过电位较低，析氢反应交换电流密度高，因而成为 Zn 在酸中腐蚀的有效阴极区，加速 Zn 的腐蚀；相反，加入析氢过电位高的 Cd 或 Hg，由于增加了析氢反应的阻力，可使 Zn 的腐蚀速度显著降低。因此，沿着这一思路，可以通过加入微量的 Mn、As、Sb、Bi 等元素，提高合金的耐蚀性能。

6.4.3.3　成分调控途径三：阻滞阳极过程

通过增加阳极极化率 P_a，使阳极过程受阻，也可降低腐蚀电流。特别是通过合金化使之从活化态变为钝态，腐蚀电流将降低得非常显著；还可以通过加入少量阴极性元素使尚未钝化的体系进入钝态。

降低阳极活性，阻滞阳极过程的进行可有效提高合金的耐蚀性，有以下三种途径：

（1）减少阳极相的面积。在合金的基体是阴极，而第二相或合金中其他微小区域（如晶界）是阳极的情况下，如能减少这些阳极的面积，则可增加阳极极化电流密度，阻滞阳极过程的进行，使合金的总腐蚀电流减小，有可能提高合金的耐蚀性，但也有可能加大局部腐蚀的危险性。例如，在海水中 Al-Mg 合金中的第二相 Al_2Mg_3 是阳极，随着 Al_2Mg_3 逐渐被腐蚀掉，阳极面积减小，腐蚀速度降低。又如，通过提高合金的纯度或采用适当的热处理，使晶界变细或减少杂质的晶界偏析，以减小阳极的面积，由此提高合金的耐蚀性。然而，当阳极相构成连续的通道时，大阴极、小阳极则加剧局部腐蚀。例如，不锈钢晶界贫铬时，减少阳极区面积而不消除阳极区反会加重晶间腐蚀。

（2）加入易于钝化的合金元素。工业合金的主要基体金属（Fe、Al、Mg、Ni 等）在特定的条件下都能够钝化，但它们的钝化能力还不够高，例如 Fe 要在强氧化性条件下才能自钝化，在一般的自然环境里（如大气、水介质）不钝化。当加入易钝化的合金元素 Cr 的量超过 12% 时，便可在自然环境里保持钝态，即形成所谓的不锈钢。此外，铸铁中加 Si 及 Ni，Ti 中加 Mo，均源于此理，可促进合金的整体钝化能力。这种方法是耐蚀合金化最有效的途径。

（3）加入阴极性合金元素促进阳极钝化。对于有可能钝化的腐蚀体系，如果在合金中加入强阴极性合金元素，可提高阴极效率，使腐蚀电位正移，合金进入稳定的钝化区而耐蚀。由于在稳定钝化区的阳极电流要比活化溶解的电流小几个数量级，因而利用阴极性元素合金化提高合金耐蚀性的效果是十分显著的。

可加入的阴极性合金元素主要是一些电位较正的金属，如 Pd、Pt、Ru 及其他 Pt 族金属，有些场合甚至可用电位不太正的金属，如 Re、Cu、Ni、Mo、W 等金属。应该指出，加入的阴极性合金元素电位越正，阴极极化率越小，实现自钝化的作用就愈有效。此外，与易钝化元素的合金化（如 Fe 中加 Cr）需要加入较大量合金组分不同，加入阴极性元素的合金化只需很少，例如 0.1% ~ 0.5%，有时甚至 0.01%；二者同时加入，是获得高耐蚀合金的最有效方法。应当注意，这种方法只适用于可钝化的腐蚀体系。例如灰口铸铁中含有石墨，在 20℃ 的 10% 硝酸中，石墨的存在使基体 Fe 处于钝态，而碳钢则不能自钝化。

6.4.3.4　成分调控途径四：增大腐蚀体系的电阻

从耐蚀合金化的角度，增加腐蚀体系的电阻 R 主要是指合金中加入的一些合金元素能够促使合金表面生成具有保护作用的腐蚀产物，从而降低腐蚀电流。加入 Cu、P、Cr 等元素的低合金耐候钢就是这一原理最为典型的应用。由于耐候钢不需要加入大量的易钝化元素，就可以生成含有这些元素的不溶于腐蚀介质、电阻较高、致密完整地附着在合金表面的腐蚀产物。这层腐蚀产物将合金与腐蚀介质隔绝，可以有效地阻滞腐蚀过程的进行，提高耐大气腐蚀性能。

6.5　小结

基于物理冶金理论、室外腐蚀试验、室内腐蚀加速试验和腐蚀电化学理论的低合金结构耐蚀性能成分调控理论与技术，是目前低合金结构耐蚀性能成分调控的主要手段。由于其理论和试验研究的难度大、问题复杂，低合金结构钢耐蚀性能的成分调控尚处在"炒菜"的经验阶段，这大大限制了低合金耐蚀结构钢新品种的研发速度和品质的提升。

利用"腐蚀大数据"技术，采用"材料基因工程"（MGE）的新理念和模式，可以有效地进行低合金结构钢耐蚀性能的成分调控，大幅度缩短新型耐蚀钢研发时间，提高其产品质量，也能更为准确地预测低合金结构钢装备的服役寿命。材料腐蚀基因工程的核心内容是：通过并发式计算和集成计算材料工程（ICME）加速耐蚀新材料研发。基于 ICME 开展耐蚀材料设计需要海量腐蚀数据支撑，包括以上材料成分-结构及热力学、腐蚀过程的动力学数据及其与服役条件下复杂环境因素之间的交互作用数据，可以通过现有"腐蚀大数据"理论与技术，即以上多种类型大通量数据的无线获取后，建立标准化字段的数据库，利用先进的数学处理工具建立模型和进行过程仿真，并将以上研究成果综合应用于低合金结构钢耐蚀性能的成分调控中。最后，可以利用基于物理冶金理论、室外腐蚀试验、室内腐蚀加速试验和腐蚀电化学试验对以上研究结果进行验证与标定，这就是低合金结构耐蚀性能成分调控 ICME 设计思想。利用这种新的成分调控设计思想，将大大缩短高品质低合金耐蚀结构钢新品种的研发时间。

7 低合金结构钢耐蚀性能的组织调控

近年来，低合金结构钢的物理冶金强化理论与技术取得了长足的进步。通过固溶强化、细晶强化、弥散强化和相变强化理论指导，发展了控制轧制和控制冷却技术，尤其是机械变形控制轧制技术和铌钒钛微合金化技术的推广使用，使固溶强化、细晶强化、弥散强化和相变强化及其综合作用潜力得到了很大的发挥，低合金结构钢的强韧化水平及其综合性能得到了大幅度的提升，主要组织结构由传统的珠光体加铁素体组织，过渡到贝氏体组织，并且正在向着马氏体的方向发展。但是，有关组织结构与耐蚀性能之间关系，并未见系统的研究结果。

结合以上腐蚀电化学原理，通过微纳米尺度上腐蚀起源问题的探讨结果，本章将探讨低合金结构钢耐蚀性能与腐蚀行为及机理的关系，并试图提出低合金结构钢耐蚀性能的组织结构调控原则。

7.1 低合金结构钢不同组织类型的腐蚀特性

7.1.1 低合金结构钢组织类型调控

选择 X80 管线钢，其化学成分为：C 0.036%，Si 0.197%，Mn 1.771%，P 0.012%，S 0.002%，Cr 0.223%，Ni 0.278%，Cu 0.220%，Al 0.021%，Ti 0.019%，Mo 0.184%，V 0.001%，Nb 0.110%，N 0.005%，Fe 余量。将热轧组织（R）的 X80 管线钢加热到 1300℃，保温 10min 后，分别进行水淬、空冷和炉冷得到淬火组织（Q）、正火组织（N）和退火组织（A）等三种组织。采用酸性土壤模拟溶液进行腐蚀试验，试验温度为室温。

图 7-1 ~ 图 7-5 为 X80 钢经过热轧、淬火、正火和退火处理后得到的显微组织。

X80 钢热轧组织呈现典型的针状铁素体组织，主要由准多边形铁素体（quasi-polygonal ferrite）和贝氏体铁素体（bainite ferrite）组成，细小的第二相弥散分布于铁素体晶界上或晶粒内部，呈规则的球形，有少量的 M/A 岛存在。准多边形铁素体呈多边形或板条状均匀分布，板条束组织较细，晶界清晰，偶尔有 M/A 岛状组织分布其中，属于先共析铁素体，其转变温度低于多边形铁素体，相变形式以块状转变为主，其成分与奥氏体相相同，不需要长程扩散，转变速度较快，内部有较高位错密度。

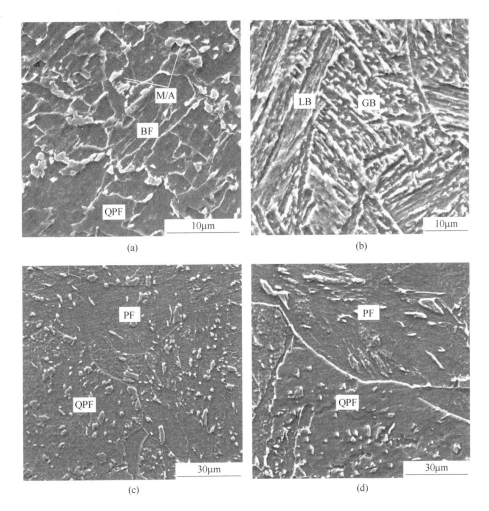

图 7-1　X80 钢组织 SEM 照片

（a）热轧组织；（b）淬火组织；（c）正火组织；（d）退火组织

淬火组织为板条贝氏体（lath bainite）和粒状贝氏体（granular bainite）。板条贝氏体组织中有明显的分区现象，各个分区的边界清楚，在一个贝氏体区内，大量板条方向一致，互相平行，称之为一个贝氏体束。贝氏体板条宽度大小不一，长度差别较大，板条间出现薄片状 M/A 组元。板条贝氏体转变温度较低，在板条贝氏体转变开始前，高温阶段先形成针状铁素体组织，针状铁素体将原奥氏体晶粒划分成一个个相互隔离的小区域，随后贝氏体转变、生长被限制在这些小区域内进行。

正火组织主要为多边形铁素体（polygonal ferrite）和准多边形铁素体（QPF），并保留原始奥氏体晶界。在铁素体晶界上和晶粒内部弥散分布着大量呈粒状和长条状的第二相，第二相的尺寸明显大于热轧组织（图7-1（c））。准多边形铁素体呈多边形或板条状，其中分布有大量位错。

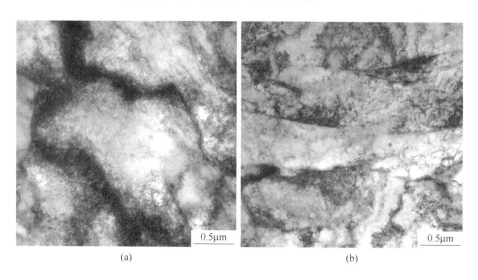

图 7-2　X80 钢热轧组织 TEM 照片

（a）块状铁素体；（b）板条状铁素体

退火组织主要为多边形铁素体（PF）、准多边形铁素体（QPF）和第二相。第二相呈粒状和长条状弥散分布，第二相的尺寸明显大于正火组织（图 7-1（d））。准多边形铁素体中分布着大量位错。

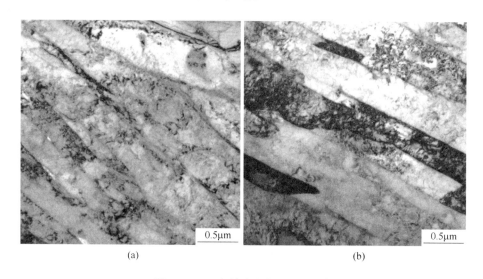

图 7-3　X80 钢淬火组织 TEM 照片

（a）块状铁素体；（b）板条状铁素体

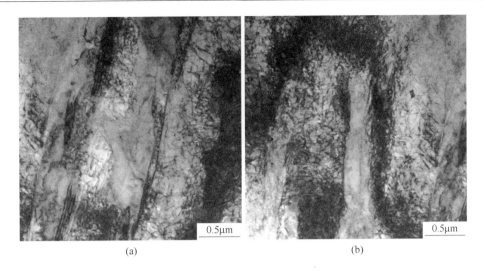

图 7-4 X80 钢正火组织 TEM 照片
（a）块状铁素体；（b）板条状铁素体

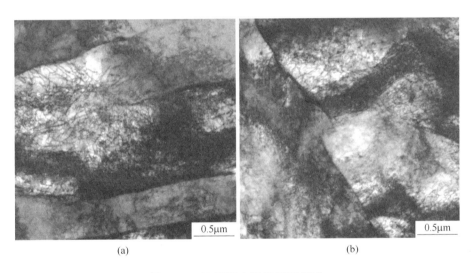

图 7-5 X80 钢退火组织 TEM 照片
（a）块状铁素体；（b）板条状铁素体

X80 钢中的析出物主要呈菱形和圆形，如图 7-6 所示。EDS 分析结果表明菱形析出物主要为微合金元素 Ti 的碳化物（图 7-6（a）），圆形析出物主要为微合金元素 Nb、Ti 的碳氮化物 Nb，Ti（CN）（图 7-6（b））。析出物主要有两个作用：在冷却过程的较高温度下析出的析出物主要有钉扎晶界的作用，阻止奥氏体晶粒的长大；在奥氏体晶粒向铁素体转变过程中或冷却到单相铁素体相时形成的析出物能起到有效提高强度的作用。

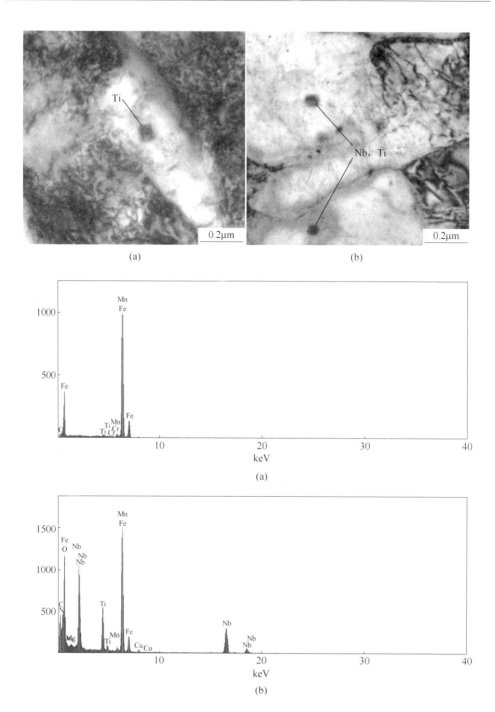

图 7-6　X80 钢析出物 TEM 及其 EDS 分析

（a）菱形析出物；（b）圆形析出物

7.1.2 低合金结构钢不同组织类型的腐蚀特性

图 7-7 所示为 X80 钢及其热处理模拟组织在酸性土壤模拟溶液中的极化曲线。由图中可以看出各种组织在酸性土壤模拟溶液中的极化曲线差别不大，阴、阳极过程均为活化控制，对极化曲线进行数据拟合，获得各种组织的腐蚀电位 E_{corr}，腐蚀电流密度 I_{corr} 和阴、阳极 Tafel 斜率 β_c、β_a，见表 7-1。

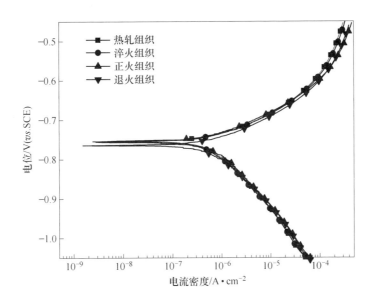

图 7-7　X80 钢及其热处理模拟组织在酸性土壤模拟溶液中的极化曲线

表 7-1　**X80 钢及其热处理模拟组织在酸性土壤模拟溶液中的极化曲线拟合数据**

组织类型	$E_{corr}/\mathrm{V}(\textit{vs}.\ \mathrm{SCE})$	$I_{corr}/\mathrm{A}\cdot\mathrm{cm}^{-2}$	β_a/V（每十年）	β_c/V（每十年）
热轧组织	-0.766	8.71×10^{-7}	0.088	-0.142
淬火组织	-0.778	1.35×10^{-6}	0.093	-0.144
正火组织	-0.772	1.03×10^{-6}	0.092	-0.136
退火组织	-0.783	9.55×10^{-7}	0.102	-0.128

图 7-8 所示为 X80 钢及其热处理模拟组织在酸性土壤模拟溶液中的交流阻抗谱，其等效电路如图 7-9 所示。对各种组织的交流阻抗数据进行拟合，结果见表7-2。

从表中可以看出，热轧和退火组织在酸性土壤模拟溶液中的腐蚀电流密度小于淬火和正火组织，电荷转移电阻大于淬火和正火组织。热轧组织的腐蚀电流密度和电荷转移电阻均小于退火组织，正火组织的腐蚀电流密度和电荷转移电阻均小于淬火组织。

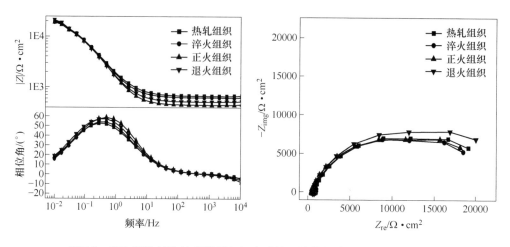

图 7-8　X80 钢及其热处理模拟组织在酸性土壤模拟溶液中的交流阻抗谱

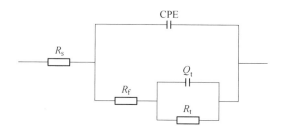

图 7-9　X80 钢及其热处理模拟组织在酸性土壤模拟溶液中的等效电路

R_s—溶液电阻；CPE—电极表面的双电层电容；R_f—反映电极表面形成的
腐蚀产物对电极过程阻碍作用的产物电阻；R_t—电荷转移电阻；
Q_t—与电荷转移过程相关的常相位角元件

表 7-2　X80 钢及其模拟组织在酸性土壤模拟溶液中的交流阻抗拟合数据

组织类型	$CPE/F \cdot cm^{-2}$	$R_f/\Omega \cdot cm^2$	$Q_t/S \cdot s^n \cdot cm^{-2}$	$R_t/\Omega \cdot cm^2$
热轧组织	0.00006446	1157	0.000112	21090
淬火组织	0.00007195	1187	0.000105	20160
正火组织	0.00009528	2720	0.000114	19310
退火组织	0.00008666	1785	0.000107	22610

图 7-10 所示为 X80 钢及其热处理模拟组织在酸性土壤模拟溶液中浸泡 24h
后的腐蚀形貌。X80 钢热轧组织浸泡 24h 后，贝氏体铁素体和准多边形铁素体晶
粒内部优先发生腐蚀溶解，铁素体晶界和大部分第二相保留（图 7-10（a））。对

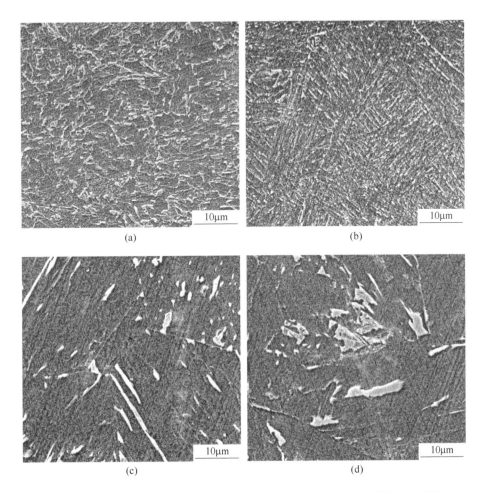

图 7-10 X80 钢及其热处理模拟组织在酸性模拟溶液中浸泡 24h 形貌 SEM 照片
(a) 热轧组织；(b) 淬火组织；(c) 正火组织；(d) 退火组织

X80 钢热轧组织晶粒内部腐蚀产物层及保留的第二相进行 EDS 分析，发现晶粒内部的腐蚀产物层有较高的 O、Cr、Mo 含量，均高于材料本身，说明 Cr 和 Mo 元素比 Fe 更易发生溶解，形成腐蚀产物覆盖在材料表面；第二相基本不含 O，Cr 和 Mo 的含量也远低于晶粒内部，说明第二相表面没有腐蚀产物层覆盖，基本不腐蚀。对 X80 钢热轧组织的 D 类夹杂物及其周围基体的腐蚀形貌进行观察，发现在夹杂物四周的区域 X80 钢基体基本不腐蚀，表面没有腐蚀产物层覆盖，形成圆形的被保护区，直径约为夹杂物直径的 10～20 倍。淬火组织的板条贝氏体和粒状贝氏体的贝氏体基体发生腐蚀溶解，原始奥氏体晶界和组织中的第二相保留（图 7-10（b））。正火组织的原始奥氏体晶界和组织中的第二相保留，准多边形和多边形铁素体基体发生腐蚀溶解（图 7-10（c））。退火组织的腐蚀形貌与正火组织类似，原始奥氏体晶界和基体上的第二相保留，准多边形和多边形铁素体基体发生腐蚀溶解（图7-10（d））。

从图7-11 形貌 SEM 照片可以看出，夹杂物及其附近的保护区跟浸泡24h 相同，其余区域形成均匀的腐蚀产物层，产物层呈"龟裂"状结构，并可见保留的第二相。对 X80 钢热轧组织在酸性土壤模拟溶液中浸泡24h 后的腐蚀产物进行 Raman 光谱分析表明，X80 钢在酸性土壤模拟溶液中浸泡24h 后的腐蚀产物膜由 Fe_3O_4 和 $FeCO_3$ 组成。

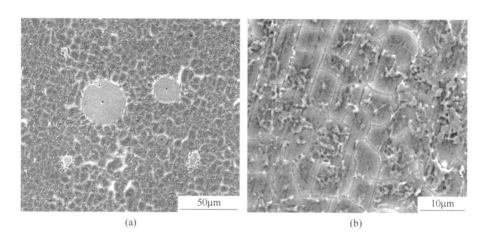

(a)　　　　　　　　　　　　　　　　　　(b)

图 7-11　X80 钢热轧组织在酸性模拟溶液中浸泡48h 形貌 SEM 照片

7.2　低合金结构钢不同组织类型的电偶腐蚀试验

为了进一步确定各种组织之间的耐腐蚀性强弱，可以对其进行电偶腐蚀测量。借助微区扫描参比电极技术（SVET），SVET 不仅可以确定各种组织腐蚀电流密度的差异，还可以对电偶腐蚀形貌进行表征。

图 7-12 所示为热轧组织-淬火组织电偶对在酸性土壤模拟溶液中的 SVET 面扫描图像。从图中可以看到，淬火组织浸泡1～5h 的 SVET 电流密度始终大于热轧组织，随着浸泡时间的延长，淬火组织和热轧组织的电流密度均有所降低，淬火组织降低的幅度大于热轧组织，两种组织的电流密度差减小。

热轧组织-淬火组织电偶对在酸性土壤模拟溶液中浸泡1～5h 的 SVET 电流密度大小顺序为：热轧组织＜淬火组织。热轧组织-正火组织电偶对在酸性土壤模拟溶液中浸泡1～5h 的 SVET 电流密度大小顺序为：热轧组织＜正火组织。淬火组织-正火组织电偶对在酸性土壤模拟溶液中浸泡1～5h 的 SVET 电流密度大小顺序为：淬火组织＞正火组织。正火组织-退火组织电偶对在酸性土壤模拟溶液中浸泡1～5h 的 SVET 电流密度大小顺序为：正火组织＞退火组织。淬火组织-退火组织电偶对在酸性土壤模拟溶液中浸泡1～5h 的 SVET 电流密度大小顺序为：淬

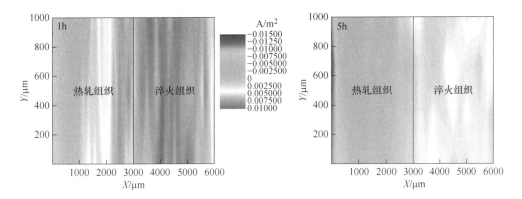

图7-12　热轧组织-淬火组织电偶在酸性土壤模拟溶液中的 SVET 电流密度随浸泡时间的变化

火组织 > 退火组织。综合分析发现各种组织在酸性土壤模拟溶液中的 SVET 电流密度大小顺序为：热轧组织 < 退火组织 < 正火组织 < 淬火组织。

图7-13 所示为热轧组织-退火组织电偶对在酸性土壤模拟溶液中的 SVET 面扫描图像图。从图中可以看到，浸泡刚开始 0.5h 时，热轧组织的 SVET 电流密度大于退火组织，随着浸泡时间的延长，热轧组织的电流密度逐渐降低，浸泡 3h 时阳极区转移到退火组织，退火组织的电流密度大于热轧组织，之后，退火组织的电流密度逐渐降低，两种组织的电流密度差减小。

这种试验结果明显反映出阴极相尺寸与形状对腐蚀过程的影响，热轧组织的阴极相含量高，早期腐蚀电流大，由于热轧组织阴极相尺寸小且弥散分布，腐蚀过程中发生脱落导致腐蚀速度明显降低；随后，由于退火组织中阴极相呈大的块状分布，对腐蚀的持续电化学作用不会降低，导致腐蚀加快；浸泡 5h 后，热轧组织-退火两种组织的腐蚀电流密度基本一致。热轧、淬火、正火和退火组织两两之间组成的电偶对在酸性土壤模拟溶液中浸泡 1~5h 时，阳极区的 SVET 电流密度均随着浸泡时间而降低，电偶对中两种组织的电流密度差减小的原因是随着阳极反应的发生，电极表面的腐蚀产物增多并形成保护性腐蚀产物膜，导致继续反应受阻。这表明微观组织对均匀腐蚀进程的影响作用在腐蚀起始阶段更为强烈，但是对应力腐蚀、腐蚀疲劳和晶间腐蚀等就不一定成立。

X80 钢热轧、淬火、正火和退火组织两两之间组成的电偶对在酸性土壤模拟溶液中浸泡 1~5h 的 SVET 电流密度大小顺序为：热轧组织 < 退火组织 < 正火组织 < 淬火组织。阳极区由于腐蚀产物的形成和产物膜的覆盖导致 SVET 电流密度均随着浸泡时间而降低，电偶对中两种组织的电流密度差减小。热轧组织中的铁素体晶界和第二相含量大于淬火、正火和退火组织，热处理组织的第二相面积比随着冷却速率的降低而增大。针状铁素体组织晶粒内部本身的阳极溶解电流密度小于板条-粒状贝氏体和多边形-准多边形铁素体。

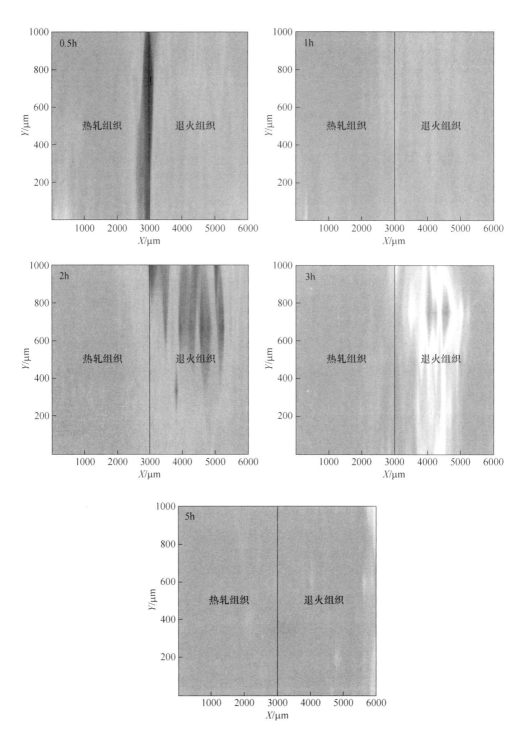

图 7-13　热轧组织-退火组织电偶在酸性土壤模拟溶液中的 SVET 电流密度随浸泡时间的变化

7.3 低合金结构钢组织腐蚀的微电池分析

X80 钢热轧、淬火、正火和退火组织晶界和第二相与晶粒内部在酸性土壤模拟溶液中形成腐蚀微电池，作为阴极的晶界和第二相对晶粒内部的阳极腐蚀溶解有加速作用，其形态、分布和面积比均对 X80 钢的相电化学腐蚀速率产生较大影响。夹杂物周围保护区的形成可能是由于复相夹杂物中的硫化物相相对于基体不稳定，发生优先溶解，导致夹杂物的瓦解，其周围基体相对稳定，作为阴极被保护。

利用二值图像处理法对 X80 钢热轧、淬火、正火和退火组织的第二相和晶界含量进行分析，计算 X80 钢及其热处理组织的第二相和晶界面积比，经处理的组织照片如图 7-14 所示。第二相和晶界的面积比见表 7-3。结果表明，热轧的阴极

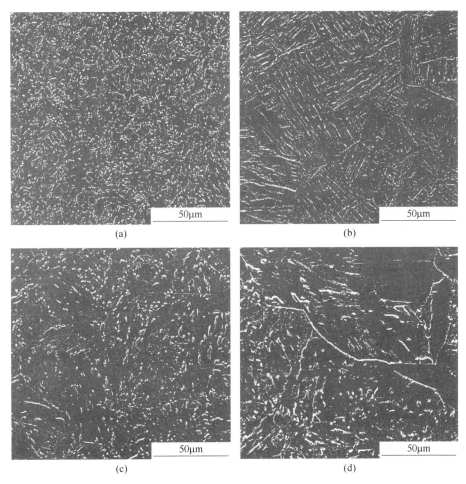

图 7-14　经二值法处理后第二相和晶界分布

（a）热轧组织；（b）淬火组织；（c）正火组织；（d）退火组织

相含量较高，但形状细小弥散分布。淬火、正火和退火组织的阴极相含量虽然较少，但其尺寸明显较大，淬火组织的阴极相呈条状平行排列，最有利于腐蚀的微区发生与起源。

表 7-3　X80 钢及其热处理模拟组织浸泡前第二相和晶界以及浸泡 24h 后保留相面积比

面积比/%	热轧组织	淬火组织	正火组织	退火组织
浸泡前第二相和晶界	11.07	6.81	7.03	8.45
浸泡 24h 后保留相	9.05	6.65	6.80	7.39

热轧、淬火、正火和退火组织浸泡 24h 后保留相的腐蚀形貌照片如图 7-15 所示。可以看出：腐蚀后保留的阴极相都是尺寸较大者，由于热轧组织阴极相本

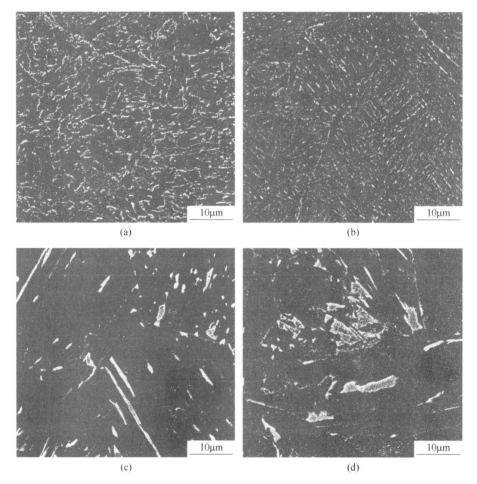

(a)　　　　　　　　　　　　　(b)

(c)　　　　　　　　　　　　　(d)

图 7-15　经二值法处理后浸泡 24h 保留相的分布

（a）热轧组织；（b）淬火组织；（c）正火组织；（d）退火组织

身就较小，腐蚀过程中脱落损失较多，从 11% 降低到 9%，；淬火、正火和退火组织阴极相由于尺寸较大，腐蚀过程中没有脱落，其中正火为大尺寸条状阴极相，退火组织为大尺寸块状阴极相。

X80 钢热轧、正火、淬火和退火热处理组织在酸性土壤模拟溶液中均为晶粒内部优先发生腐蚀溶解，作为阳极；晶界和第二相保留，作为阴极；在阴、阳极之间形成腐蚀微电偶。根据电偶腐蚀理论，阴、阳极面积比对电偶腐蚀效应产生较大的影响，Stern[1] 和 Mansfeld[2] 从数学关系上推导了阴、阳极面积比对电偶腐蚀效应的影响：

$$\ln\gamma = \frac{E_{corr}^{C} - E_{corr}^{A}}{\beta_{a}^{A} + \beta_{c}^{C}} + \frac{\beta_{c}^{C}}{\beta_{a}^{A} + \beta_{c}^{C}}\ln\frac{I_{corr}^{C}}{I_{corr}^{A}} + \frac{\beta_{c}^{C}}{\beta_{a}^{A} + \beta_{c}^{C}}\ln\frac{\theta}{1-\theta} \tag{7-1}$$

式中，γ 为电偶腐蚀效应；β_{a}^{A} 为阳极材料 A 的阳极 Tafel 斜率；β_{c}^{C} 为阴极材料 C 的阴极 Tafel 斜率；θ 为阴极材料 C 所占的面积比；E_{corr}^{A}，E_{corr}^{C} 为阳极材料 A 和阴极材料 C 的腐蚀电位；I_{corr}^{A}，I_{corr}^{C} 为阳极材料 A 和阴极材料 C 的腐蚀电流密度。

从式（7-1）中可以看出，X80 钢热轧组织第二相和铁素体晶界所占面积比越大，晶粒内部腐蚀反应被加速的程度越高；淬火、正火和退火组织原始奥氏体晶界和第二相所占面积比越高，晶粒内部腐蚀反应被加速的程度越高。但是从 SVET 测试结果得到热轧组织的腐蚀电流密度小于淬火和正火组织，其主要原因是腐蚀速度除受到阴、阳极面积比影响外，还受到阴极相形状与尺寸的影响。

X80 钢热轧、淬火、正火和退火热处理组织经过 24h 浸泡试验后，其耐蚀性能顺序是：热轧 > 正火 > 退火 > 淬火。二值化处理后的结果表明，其中白色部分为 Fe₃C，它是阴极相。可以看出，腐蚀前热轧组织的 Fe₃C 阴极相细小均匀弥散分布，其次是正火组织，退火和淬火组织的 Fe₃C 阴极相粗大且沿晶界分布；腐蚀后，剩余的都是粗大的 Fe₃C 阴极相，这个面积比值基本相同，说明耐蚀性的差异来自阴极形状的不同。对热轧组织，腐蚀前后阴阳极面积比明显减小，可能是细小的阴极相在腐蚀过程中脱落的缘故。

综上，由于珠光体是与夹杂物一样的腐蚀起源点，少珠光体组织调控应该是提高低合金结构钢耐蚀性的重要组织调控原则；微区阴阳极面积比是衡量低合金结构钢耐蚀性的指标，在低合金结构钢耐蚀性调控中，应该避免粗大的阴极相出现，尽量做到保持阴极相弥散均匀分布的"小阴极大阳极"的组织设计。

7.4 低合金结构钢耐蚀性能组织调控原则

7.4.1 提高整体腐蚀电位，单一组织或减小微观组织间电位差

提高低合金结构钢整体自腐蚀电位，单一化的组织设计或者减小微观组织间电位差是首要原则。经过多年国内外学者的深入研究，Ni 促使低合金结构钢的自腐蚀电位正向变化，增强钢材的耐蚀性。粗大的夹杂物是腐蚀的重要起源，珠

光体是与夹杂物一样的腐蚀起源点，少量、细小夹杂物和少珠光体组织调控应该是提高低合金结构钢耐蚀性的重要组织调控原则。对于相同的组织，应该尽量避免取向、畸变、织构导致的电位差；不同的组织，如果具有较大的电位差异，应该适当调整不同电位相的分布和比例，减小相之间的电势差，则可以提高整体的自腐蚀电位，提高材料的耐蚀性。实际工程中应避免以上电势差较大组织之间的直接偶接。

7.4.2　避免"大阴极小阳极"的微观组织

腐蚀电化学研究成果表明，阻滞阴极过程是合金组织调控的途径之一。对于阴极析氢腐蚀过程，可以通过消除或减少阴极面积和提高阴极析氢过电位等两种方法阻滞阴极过程，提高合金的耐蚀性。阴极析氢过程主要在析氢过电位低的阴极性组分或第二相夹杂上进行，减少它们的数量或面积，将增加阴极反应电流密度，从而增加阴极极化程度，提高合金的耐蚀性。或通过固溶处理消除或减少阴极相的有害作用，如硬铝的固溶处理以及碳钢、马氏体不锈钢的淬火处理便能提高耐蚀性。

阻滞阳极过程是合金组织调控的另外一条重要途径，首先，可以选择钝化合金元素降低阳极活性，阻滞阳极过程的进行，以便有效提高合金的耐蚀性。同时，组织调控的方法是减少阳极相的面积，这样也能有效阻滞阳极过程的进行。在合金的基体是阴极，而第二相或合金中其他微小区域（如晶界）是阳极的情况下，如能减少这些阳极的面积，则可增加阳极极化电流密度，阻滞阳极过程的进行，使合金的总腐蚀电流减小，有可能提高合金的耐蚀性，但也有可能加大局部腐蚀的危险性。阳极面积减小，腐蚀速度降低。例如，通过提高合金的纯度或采用适当的热处理，使晶界变细或减少杂质的晶界偏析，以减小阳极的面积，由此提高合金的耐蚀性。然而，当阳极相构成连续的通道时，大阴极、小阳极会加剧局部腐蚀。例如，不锈钢晶界贫铬时，减少阳极区面积而不消除阳极区反会加重晶间腐蚀。

由于低合金结构钢腐蚀起源之一是组织间的微观电偶诱发，组织的阴阳极面积比是衡量其耐蚀性的重要指标。粗大的阴极相提供了源源不断的腐蚀推动力，在低合金结构钢耐蚀性调控中，按照"小阴极大阳极"的组织结构设计原则，对析出的弥散相，由于一般是阴极，将阴极相进行均匀化的球化处理，使之弥散均匀分布，尽量避免粗大的、形状不规则的阴极相，例如碳钢中粗大的沿晶渗碳体相。这样在微观范围内，就更加符合"小阴极大阳极"的组织设计原则，将大大提高其耐蚀性。

7.4.3　细化晶粒、小角度晶界设计，消除晶粒畸变和织构

（1）金属组织不均匀性构成的微观电池。传统的金属材料大多是晶态，存

在着晶界和位错、空位、点阵畸变等晶体缺陷。晶界处由于晶体缺陷密度大，电位较晶粒内部要低，因此而构成晶粒—晶界腐蚀微电池，晶界作为腐蚀微电池的阳极而优先发生腐蚀。金属及合金组织的不均匀性也能形成腐蚀微电池。

（2）钢表面物理状态的不均匀性构成的微观电池。低合金结构钢在机械加工、构件装配过程中，由于各部分应力分布不均匀，或形变不均匀，都将产生腐蚀微电池。变形大或受力较大的部位成为阳极而腐蚀。

（3）钢表面膜不完整构成的微观电池。无论是钢表面形成的钝化膜，还是镀覆的阴极性金属镀层，由于存在孔隙或发生破损，使得该处裸露的钢基体的电位较负，构成腐蚀微电池，孔隙或破损处作为阳极而受到腐蚀。

综上所述，低合金结构钢腐蚀起源一般是由其表面微电池引起的，表面成分差异、组织不同或其他缺陷是构成腐蚀微电池阴阳极的基础，细化晶粒、小角度晶界设计、消除晶粒畸变和织构，能有效减少表面腐蚀微电池和腐蚀起源点，进而提高其耐蚀性。

7.5 小结

珠光体是与夹杂物一样的腐蚀起源点，少珠光体组织调控是提高低合金结构钢耐蚀性的重要组织调控原则；阴阳极面积比是衡量耐蚀性的指标，在低合金结构钢耐蚀性调控中，避免粗大的阴极相，尽量做到保持阴极相弥散均匀分布的"小阴极大阳极"的组织设计。

低合金结构钢耐蚀性能组织调控原则是：提高整体腐蚀电位，单一组织或减小微观组织间电位差；避免"大阴极小阳极"的微观组织；细化晶粒、小角度晶界设计，消除晶粒畸变和织构。

参 考 文 献

[1] Stern M. Surface area relationships in polarization and corrosion [J]. Corrosion, 1958, 14 (7): 329.

[2] Mansfeld F. Area relationships in galvanic corrosion [J]. Corrosion, 1971, 27: 436.

8 低合金结构钢耐蚀性能的表面调控

低合金结构钢在腐蚀环境中能否使用，很大程度上取决于腐蚀产物的性质。一方面，腐蚀产物的多少及形成速度是腐蚀程度的标志；另一方面，腐蚀产物的性质将决定腐蚀进行的历程及有无可能防止低合金结构钢的继续腐蚀。腐蚀产物的性质，如化学性质、扩散、电导率等都是由其物质结构所决定的。对均匀腐蚀，低合金结构钢表面氧化物结构与性质，某种程度上决定了其腐蚀速度；对点蚀、电偶腐蚀、晶间腐蚀、缝隙腐蚀、应力腐蚀和腐蚀疲劳等局部腐蚀类型，其表面腐蚀产物的生成与长大对腐蚀进程的影响也是巨大的。因此，要获得耐蚀性能良好的低合金结构钢，必须对其表面氧化膜和腐蚀产物膜进行调控。调控主要包括微合金化促成致密腐蚀产物膜调控和表面钝化技术调控两方面，其技术思路与不锈钢表面膜和钝化处理相近。

本章将从氧化膜和氧化物特性、腐蚀产物调控和表面钝化技术几个角度，叙述低合金结构钢耐蚀性能的表面调控。

8.1 低合金结构钢表面氧化物和氧化膜

8.1.1 金属氧化物的晶体结构

大多数的金属氧化物（包括硫化物、卤化物等）的晶体结构都是由包含氧离子的密排六方晶格或立方晶格组成。金属离子在这些密排结构中所处的位置可分为两类。一类是由 4 个氧离子包围的间隙，即四面体间隙；另一类是由 6 个氧离子包围的间隙，即八面体间隙。在密排结构中，每 1 个密排的阴离子对应于 2 个四面体和 1 个八面体。在不同的简单金属氧化物的晶体结构中，阳离子往往有规律地占据四面体间隙或八面体间隙或同时占据两种间隙。金属氧化物的晶体结构主要有如下几种：

（1）NaCl 型结构。氧化物 MgO、CaO、SrO、CdO、CoO、NiO、FeO、MnO、TiO、NbO 和 VO 都具有这种结构。其结构如图 8-1（a）所示。

（2）纤锌矿型结构。氧化物 BeO 和 ZnO 具有这种结构。其结构如图 8-1（b）所示。

（3）CaF_2 型结构。氧化物 ZrO_2、HfO_2、UO_2、CeO_2、ThO_2、PuO_2 等具有 CaF_2 型结构，在晶胞的中心有较大的空隙，有利于阴离子迁移。其结构如图 8-1（c）所示。

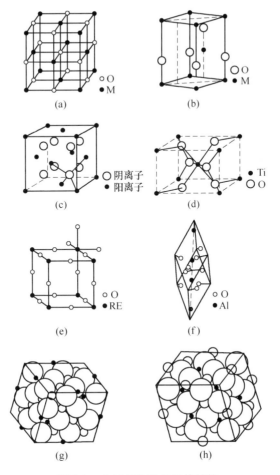

图 8-1　金属氧化物的晶体结构

（4）金红石结构。TiO_2、MnO_2、VO_2、MoO_2、WO_2、SnO_2 和 GeO_2 等具有金红石结构。在平行于 c 轴的方向构成有利于原子和离子扩散的通道。其结构如图 8-1（d）所示。

（5）REO_3 结构。这种结构的重要氧化物有 WO_3 和 MoO_3。属于最疏松的结构之一，具有易压扁的倾向。其结构如图 8-1（e）所示。

（6）$\alpha\text{-}Al_2O_3$ 结构（刚玉结构）。在此结构中氧离子构成密排六方晶格，其中铝离子仅占据所有八面体的间隙的 2/3。在此情况下，每个阳离子周围有 6 个氧离子，每个阴离子周围有 4 个阳离子。因此，阳离子的配位数是 6，阴离子的配位数是 4。$\alpha\text{-}Al_2O_3$ 的晶格如图 8-1（f）所示。其他三价金属的氧化物及硫化物也具有这种结构，如 $\alpha\text{-}Fe_2O_3$、Cr_2O_3、Ti_2O_3 和 V_2O_3 等。许多 M（1）M（2）O_3 型氧化物，当金属 M（1）和 M（2）的平均价数等于 3 且它们的离子半径相当时，也具有这种结构，如 $FeTiO_3$。

(7) 尖晶石结构（AB_2O_4）。在此结构中氧离子形成密排立方晶格，其中金属离子 A 和 B 分别占据八面体和四面体的间隙位置。尖晶石晶胞有 32 个氧离子，含有 32 个八面体位置和 64 个四面体位置。这些间隙位置可以以不同方式填充二价和三价阳离子，产生两种尖晶石结构，即正尖晶石结构和反尖晶石结构。在正尖晶石结构中，如 $MgAl_2O_4$，一半的八面体间隙为 Al^{3+} 填充，1/8 的四面体间隙为 Mg^{2+} 填充。在反尖晶石结构中，1/8 的四面体间隙为三价阳离子填充，其余的三价阳离子和二价阳离子统计地分布在 16 个八面体间隙中，其结构式为 $B(AB)O_4$，Fe_2O_3 就是这种反尖晶石结构，其正确的化学式应为 $Fe^{3+}(Fe^{2+},Fe^{3+})O_4$。两种尖晶石结构如图 8-1（g）和图 8-1（h）所示。

具有尖晶石结构其分子式为 AB_2O_4 的化合物，两种金属的价不一定非要二价和三价，只要它们的价数之和等于 8 即可。因此，尖晶石也可以是 $A^{4+}B_2^{2+}O_4$ 和 $A^{6+}B_2^{1+}O_4$。M_2O_3 化合物中还有类尖晶石结构，$\gamma\text{-}Fe_2O_3$、$\gamma\text{-}Al_2O_3$ 和 $\gamma\text{-}Cr_2O_3$ 就属于这类结构。

氧化物中的缺陷包括从原子、电子尺度的微观缺陷到显微缺陷。缺陷可以分为以下几类：（1）点缺陷（零维缺陷）。是一种晶格缺陷，包括空位、间隙原子（离子）、原子错排等。（2）线缺陷（一维缺陷）。是指晶体中沿某一条线附近的原子排列偏离了理想的晶体点阵结构，如刃位错和螺位错。（3）面缺陷（二维缺陷）。包括小角度晶界、孪晶界面、堆垛层错和表面。（4）体缺陷（三维缺陷）。包括空洞、异相沉淀等。（5）电子缺陷。包括电子和电子空穴。氧化物中的扩散和导电一般都与以上缺陷有关。

8.1.2　低合金结构钢表面薄氧化膜的生长

金属在较低温度或室温中氧化往往形成薄氧化膜，其生长机理与在高温下生成厚氧化膜不同。为了深入分析薄氧化膜的生长机理，将薄氧化膜分为极薄氧化膜和一般薄氧化膜。

8.1.2.1　极薄氧化膜

极薄氧化膜是指厚度为几个纳米的氧化膜。由于氧化膜极薄，氧化膜中产生的电场变得极强，这时在强电场作用下离子的迁移比浓度梯度产生的迁移大得多，因此可以不必考虑后者的作用。金属氧化速度由金属离子和电子迁移速度决定，其中迁移慢者为控制步骤，它的迁移动力学将决定氧化的动力学规律。

氧化膜为离子导体时，在强电场的作用下金属离子在氧化膜中较易迁移，而电子的迁移较困难，成为金属氧化的控制步骤。在低温和极薄氧化膜的条件下，电子可以通过隧道效应进入导带。电子的隧道效应随着膜的厚度增加，呈指数下降，当氧化膜厚度增至 4nm 时，隧道效应终止，因此氧化膜的生长速率随着膜的增厚呈指数下降。

在此情况下，氧化膜的生长速度与电子穿透隧道的几率成正比。若氧化膜的

厚度为 y，氧化速度可表达为：

$$\frac{dy}{dt} = A\exp\left(-\frac{y}{y_0}\right) \tag{8-1}$$

$$y_0 = \frac{h}{4\pi\sqrt{2m_e\Phi}} \tag{8-2}$$

式中，h 为普朗克常数；m_e 为电子的质量。将式（8-1）积分，得到：

$$y = A\lg(Bt+1) \tag{8-3}$$

即在极薄氧化膜的生长受电子迁移控制时，氧化动力学为对数规律。

氧化膜为电子导体时，离子的迁移阻力大于电子的迁移阻力，因此离子的迁移成为金属氧化的控制步骤。在极薄氧化膜中电场强度可高达 107V/cm 左右，氧化膜中存在很大的电位梯度 E，使离子迁移的势垒下降，离子电流 i_{ion} 为：

$$i_{ion} = A\exp\left(\frac{ZaeE}{2kT}\right) \tag{8-4}$$

式中，Z 为离子的价数；a 为势垒的谷间距。

由于在离子迁移为控制步骤时，金属的氧化速度与 i_{ion} 成正比，且 $E = V/y$，氧化速度可表示为：

$$\frac{dy}{dt} = A\exp\left(\frac{y_0}{y}\right) \tag{8-5}$$

其中

$$y_0 = \frac{ZaeE}{2kT} \tag{8-6}$$

即电场的影响随着膜的增厚呈指数减弱，当氧化膜达到一定厚度时，金属离子的迁移停止，氧化膜不再生长。将式（8-5）积分，可得：

$$\frac{1}{y} = A - B\lg t \tag{8-7}$$

此即所谓的反对数规律。铜、铁、铝、银等金属在室温下或在低温下的氧化均表现为此规律。图 8-2 给出了这些金属在室温下的氧化动力学曲线。当膜的厚度达 5~20nm 时，氧化速度显著降低，以至完全停止。低合金结构钢表面氧化膜曲线与铁的相近。

8.1.2.2 薄氧化膜

薄氧化膜是指厚度为 10~200nm 左右的氧化膜。在氧化的反对数规律中，氧化膜终止生长是由于膜增厚，膜中的电场强度减弱，导致离子不能再迁移。但是如果氧化的温度较高，这时离子电流密度与电场强度不再服从指数关系，而变为直线关系，将导致新的氧化动力学规律。由于氧化物类型不同，可产生不同的氧化动力学规律。例如，铝在 400℃ 的氧化、锌在 350~400℃ 的氧化等，氧化膜生长属于抛物线规律。

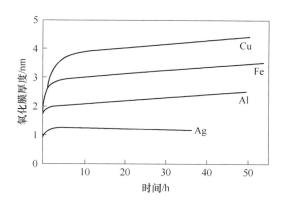

图 8-2　金属 Cu、Fe、Al、Ag 室温氧化动力学曲线

8.2　耐候钢的锈层结构及保护性

普通碳钢表面所形成的锈层保护性不强，碳钢锈层的结晶结构主要由 γ-FeOOH、α-FeOOH 和 Fe_3O_4 构成，锈层中大约还有 40% 的无定形物质。在工业大气中，碳钢锈层中常存在一些盐类，如 $FeSO_4 \cdot 7H_2O$、$FeSO_4 \cdot 4H_2O$、$Fe_2(SO_4)_3$ 等，它们降低了锈层的保护性。表 8-1 表明由于生成锈层的环境不同，锈层中各种晶体结构的相对含量也是变化的。

低合金耐候钢的锈层具有很好的保护作用，耐候钢的锈层组织结构一般分为内外两层，外层是疏松容易剥落的附着层，而内层常常是附着性好、结构致密、能起到保护作用的致密层。

表 8-1　锈层中各种晶体结构的相对含量　　　　　　　　　　（%）

锈层生成环境	γ-FeOOH	α-FeOOH	Fe_3O_4
工业地区	55	33	11
	60 ~ 0	40 ~ 100	—
	45 ~ 70	余量	<5
	35 ~ 40	余量	20
海岸地区	>0	40	60
	≤10	余量	80 ~ 20
森林地带	27	64	9
	10 ~ 35	60 ~ 80	<20 ~ 35

由表 8-1 可见，锈层的主要晶体结构是随环境变化的。一般认为，钢表面锈层首先形成的是 γ-FeOOH，再转变为 α-FeOOH 和 Fe_3O_4。转变程度受周围大气湿度、污染因子等因素的影响。在工业区由于大气中含 SO_2，故铁锈中 Fe_3O_4 含量

很少；在受 Cl⁻ 影响的沿海地区，则 γ-FeOOH 少而 Fe₃O₄ 多；在污染少的森林地带，则 α-FeOOH 多。锈层液膜的 pH 值较低，易于生成 γ-FeOOH；pH 值较高，易于生成 α-FeOOH 和 Fe₃O₄。

耐候钢比普通碳钢耐大气腐蚀，主要是由于耐候钢锈层的保护性优于普通碳钢锈层的保护性。通常耐候钢经 2~4 年后，就形成了稳定的保护性锈层，腐蚀速度降至很低，因而也可以不经涂装直接使用。锈层结构分析表明，虽然耐候钢与普通碳钢锈层都主要由 γ-FeOOH、α-FeOOH、Fe₃O₄ 所组成，但耐候钢生成的锈层与基体金属黏附性好、致密，形成了富集合金元素的非晶态层，这是耐候钢提高耐蚀性的主要原因。

耐候钢是指通过添加少量 Cu、P、Cr、Ni、Mo 等合金元素，在大气中具有比普碳钢更耐蚀的一类低合金钢。其表面能在长期曝晒情况下形成保护性锈层，从而有效阻滞腐蚀介质的渗入和传输。它的耐大气腐蚀性能可以达到普通碳钢的几倍，并且使用时间愈长，其耐候的作用愈突出。耐候钢还具有优良的力学、焊接等性能。相对于碳钢，耐候钢可以直接在一些环境下中使用，得益于长期大气曝晒表面上形成的稳定致密保护锈层，阻碍了腐蚀性介质的进入。

钢在薄液膜下发生阳极溶解，生成 Fe²⁺，随后水解并在干燥过程中转化为绿锈，绿锈在后续的化学氧化和电化学氧化中，转化为 γ-FeOOH、β-FeOOH 和非晶态氧化物。β-FeOOH 和 γ-FeOOH 也可以再进一步转化为 α-FeOOH。处于非晶态的 Fe 的二价和三价氧化物可以晶化转化为 Fe₃O₄，此外，β-FeOOH 和 γ-FeOOH 可以通过阴极过程还原为 Fe₃O₄。因此，普碳钢的锈层主要由 γ-FeOOH、α-FeOOH 和少量的 Fe₃O₄ 组成，且较为疏松。耐候钢表面的锈层分为内外两层，外层疏松多孔主要由 γ-FeOOH 组成，内层则主要由细小而且致密的 α-FeOOH 组成。随着腐蚀时间的延长，耐候钢靠近钢基的部分（内锈层）逐渐被转化为化学活性很低的 α-FeOOH 和少量的 Fe₃O₄，其中 Fe₃O₄ 多存在于供氧不足的靠近钢基体的部位。

耐候钢中的合金元素不仅可以通过富集于内锈层来提高耐蚀性，而且还通过形成一些尖晶石型物质、替代特定位置的 Fe 原子或者形成间隙固溶体来改善锈的性质和结构，使内锈层中含有大量的 Cu、Cr、P 针状铁的氧化物。这些形成的致密内锈层，成为抗大气腐蚀的屏障，不仅 H₂O 和 O₂ 很难通过，甚至 Cl⁻ 也很难通过，具有很好的防腐蚀效果。

耐候钢在自然环境下生成稳定的保护性锈层至少需要 3~10a 以上的时间，并且在形成稳定化锈层之前，常常出现早期锈液流挂与飞散等污染周围环境的现象，特别是当大气中腐蚀性污染物（如 Cl⁻ 和 SO₂）浓度较高时，耐候钢表面生成保护性的稳定锈层需要更长时间，甚至难以生成，这给耐候钢的使用与发展提出了新课题。

8.3　低合金结构钢表面结构调控

目前，Ni 和 Cr 等常见微合金元素被加入钢中，用以提高钢材的耐蚀性。经过国内外学者多年的深入研究，这两种元素在低合金中的耐蚀作用与机理已基本清晰，Ni 促使钢的腐蚀电位正向变化，增强钢材的稳定性。Ni 在锈层中均匀分布，主要以二价氧化物的形式存在尖晶石型氧化物中，提高内锈层的致密度。腐蚀初期生成稳定的 Fe_2NiO_4，改变锈层的离子交换性能——从阴离子选择性到阳离子选择性的锈层，有效降低 Cl^- 的入侵，提高钢材的耐蚀性。Cr 可以抑制腐蚀过程中的阴极反应，加速 α-FeOOH 在锈层内部的生成及分布，提高钢的钝化能力；另外，锈层中 Cr 可以促进致密锈层的形成，提高钢材的耐蚀性。经过一年室外暴晒实验后发现，对于普通碳钢，锈层疏松多孔、裂纹较多（图 8-3（a）），Cl^- 显著富集在内锈层中（图 8-3（b）），耐蚀性较弱；而对于高镍钢（图 8-3（c）），Ni 在内锈层中发生聚集（图 8-3（e）），对 Cl^- 起到显著的抵挡作用，Cl^- 仅在外锈层中出现聚集情况（图 8-3（d））。

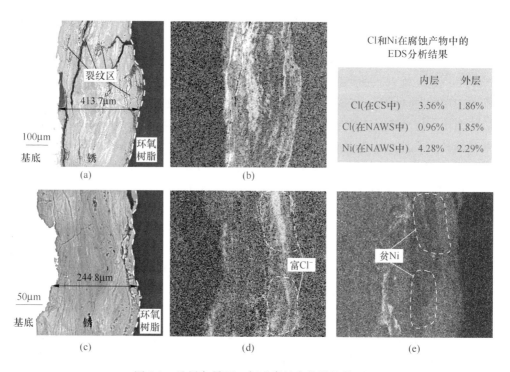

图 8-3　马累岛暴晒一年后腐蚀产物膜的截面

（a）碳钢；（b）碳钢锈层中 Cl^- 的分布；（c）高镍钢；（d）高镍钢锈层中 Cl^- 分布；
（e）高镍钢锈层中 Ni 元素分布

在钢中添加微量合金元素可以改变钢表面锈层致密性以及导电性，影响锈层中物相的结构和种类，从而改变钢材的耐蚀性。在钢中加入 Cu 可以提高基体强度，改善耐腐蚀性能和冷加工性能。美国提出的系列低合金高强度（HSLA）舰船用钢充分利用了 Cu 的析出强化作用，这种含 Cu 的 HSLA 钢不仅具有优良的焊接性能，而且在不影响韧性的同时，还能大幅度提高其强度。Cu 作为析出强化元素，在高强度级别的低合金钢中几乎是必不可少的元素，利用 Cu 合金化元素析出强化这一作用，含 Cu 高强度钢得到了广泛研究。亚纳米级 Cu 析出作为 M_2C 的异质形核点，形成了共沉淀相，大幅度提高了钢的冲击韧性。除此之外，在钢中加入 0.2% ~0.4% 的 Cu，可以明显提高钢材的耐蚀性。钢表面纳米尺寸的 Cu 沉淀析出相，可抑制铁素体溶解和渗碳体的析氢反应，导致整体原电池反应速率降低，表现出更优异的耐蚀性。Cu 可以延缓 Fe 的阳极溶解或降低锈层的电子导电性，使电子流向阴极区的速率降低；腐蚀环境下 Cu 能形成少量不溶的氢氧硫酸铜，如 $Cu_4(SO_4)(OH)_6$ 和 $Cu_3(SO_4)(OH)_4$，这些化合物可以在锈层的孔隙内析出，提高腐蚀产物膜的阻挡作用。Cu、Cr、P 元素的存在可形成各种复合盐，成为 FeOOH 结晶的核心，使内锈层的晶粒细小致密，降低内锈层的导电性，因而降低腐蚀速率。目前 Cu 对改善钢的耐大气腐蚀性作用机理并没有统一说法，主要有两种机制：一是 Cu 可以在基体和锈层之前形成阻挡层，与基体紧密接触，具有较好的保护作用。Cu 主要在锈层内部富集，形成保护性锈层，来提高钢的耐蚀性。二是钢与表面二次析出的 Cu 之间的紧密接触可以促进钢的阳极钝化形成保护性较好的锈层。当存在缝隙时，Cu 和 Cr 同时存在，并未像想象的那样提高耐蚀性，反而由于 Cu 促进了 Cr 在珠光体中的富集，Cr 更易使得 SO_4^{2-} 和 Cl^- 吸附到缝隙中，引发更为严重的缝隙腐蚀。无论是哪种机理，钢中加入 Cu 或 Cr 后确实有助于低合金钢耐蚀性的提升。

在现代冶炼工艺中，Ca 经常作为合金化元素添加到钢液中，用以改性夹杂物成分、形貌、尺寸和性质。Kim 等人[1]发现在低合金钢中加入 10 ~70ppm 的 Ca 后可以提高钢材的耐蚀性。低合金钢中添加 Ca 后，阻抗谱的半径明显变大，说明极化阻抗变大，有助于耐蚀性的提高。Yamamoto[2,3]等人在研究海洋环境下耐候钢的耐蚀性时发现，在钢中添加 Ca-Ni 后可以明显提高海洋环境下耐候钢的耐蚀性，在腐蚀前期锈层内部中 Ca 形成不溶性 $CaCO_3$、CaO 等产物，可以增加锈层的硬度和保护性，降低钢的腐蚀速率。并指出这可能是由于 Ca 和 Ni 在锈层的富集，可以阻止氯离子渗透到金属和锈层之间的界面。当钢中 Ca 含量达到 50 ~70ppm 时，钢中生成的 CaO 和 CaS 夹杂，容易发生溶解反应：

$$CaO + H_2O \longrightarrow Ca^{2+} + OH^- \tag{8-8}$$

$$CaS + H_2O \longrightarrow Ca^{2+} + OH^- + H^+ + HS^- \tag{8-9}$$

以上反应生成的 OH^-，可以促使钢表面的液膜的 pH 值增加，形成的碱性环境可促进锈层中保护性物相 α-FeOOH 的生成，并促使 α-FeOOH 和 γ-FeOOH 相在内锈层富集，γ-FeOOH 和 β-FeOOH 在外锈层富集，提高锈层的保护性。EIS 的测试结果也证明了加入 Ca 后钢在浓度低于 0.01mol/L 的 NaCl 溶液中表现出了良好的耐蚀性[3,4]。Ca 还可以改变胶态腐蚀产物的离子交换性质，维持锈层缺陷处裸露钢表面的钝态。即使 Ca 在钢中加入量非常有限，但在外锈层仍会出现聚集现象，耐候钢表现出优异的耐腐蚀性能[1]。主要原因为钢中 Ca 可以和 Cr、Cu、Ni 等元素产生协同作用，降低锈层 Cl⁻ 的通过性，提高钢的耐蚀性[2,3]。Choi 研究了 Cr-Cu-Ni-Ca 系耐候钢在自来水环境的耐蚀性[1]，结果表明，含 Cu、Ni、Ca 的耐蚀钢由于在腐蚀初期形成了不可溶解的稳定锈层，表现出非常好的耐腐蚀性能[5]。静态水中，Cu、Cr、Ca 会在锈层表面形成具有保护性的金属复合氧化物；在动态水中，Cu、Cr、Ca 主要在内锈层中聚集，Ni 均匀分布在整个锈层中。然而也有文献指出，加入 Ca 后生成大量的(Ca,Mg,Mn)S、SiO₂ 和 CaS 夹杂，其中 CaS 被认为耐腐蚀性最差[6]，并被认为是诱发焊接区域应力腐蚀裂纹形核和扩展的一个因素。Ca 元素的添加，对实际工程应用中低合金结构钢耐蚀性的影响还有待进一步的认识。

新日铁发现，在钢中加入 Sb 元素可以明显改善钢材耐硫酸和盐酸的腐蚀性[8]。Kim[9]认为当钢中含有 0.1% Sb 时，低合金钢的耐蚀性可以明显得到改善，Sb 在表面可以形成保护性的 Sb₂O₅ 氧化物膜，并抑制 Cu 化合物的发展，进一步抑制阳极和阴极的腐蚀反应，从而提高钢的耐蚀性。钢中添加 Sb 元素后，腐蚀电流密度明显降低，改变钢中 Sb 元素的含量发现，随着 Sb 元素含量的增加，耐候钢的腐蚀速率明显降低，添加 0.05% 和 0.1% Sb 后的钢腐蚀速率分别降低了 40% 和 50%[9]。Park 等人认为在酸性环境下钢中的 Sb，一方面 Sb 的耐蚀性是通过增加氢析出的超电势，另一方面可以和钢中的 Cu 发生协同作用，在锈层中形成铜的氯化物和（Fe，Cu，Sb）金属化合物，由于铜的富集提高钢材的耐蚀性[10]。在酸溶液中，由于强氧化性作用，Sb₂O₃ 将被进一步氧化为 Sb₂O₅，在钢表面形成的这层氧化膜将进一步抑制阳极反应的发生，也降低钢的腐蚀速率。Vanessa 研究发现 SCuSb 和 CuSbMo 钢在污染酸性海洋大气环境中表现出优异的耐腐蚀性能[11]。鞍钢、首钢等企业研究表明 Sb 的加入确实可以提高钢材的耐蚀性。但是由于基础研究缺乏，其作用机理尚未有统一的认识。

8.4 低合金结构钢锈层的稳定化处理

为了解决早期耐候钢表面锈液流挂与飞散等污染周围环境的问题，以及在严重污染大气中耐候钢表面难生成保护性的稳定锈层问题。在耐候钢实际使用中一般采用以下两种防护方法，第一种方法为涂装，即对耐候钢与普通碳钢一样进行涂装。虽然涂装后，耐候钢上涂层的保护周期要比普通钢长得多，但其经济性优势却难得到充分地发挥。第二种方法为表面稳定化处理。该技术是在耐候钢使用前对其构件表面进行处理，以促进耐候钢表面稳定化锈层的快速形成。实施该技术，既可以避免早期锈液流挂现象，防止污染；又能使耐候钢在难形成致密锈层的自然环境中获得稳定的保护性锈层。

8.4.1　低合金结构钢锈层的稳定化处理技术

目前，开发的表面稳定化处理技术主要包括以下几类。

（1）耐候性涂膜处理，就是化学转化膜和特种有机涂层处理。首先对钢基体进行耐候性底膜处理，在耐候钢表面形成以复合磷酸盐为主要成分的无机复合盐膜；然后在复合盐膜上涂丙烯类涂料，形成透气、透水良好的多孔栅格涂层。底膜的作用主要是促进耐候钢形成均匀致密的稳定化锈层，多孔栅格涂层既可以允许一定量的空气、水通过到底层直至形成稳定化锈层，又能在初期固定锈层防止锈液流挂、飞散。在稳定化锈层形成之后，该表面有机涂层逐渐消失，耐候钢外观不再有明显变化。

（2）氧化物涂层处理。在疏水性的载色剂中配上氧化物颜料以及促进锈化作用的添加剂，涂刷在耐候钢表面形成有机膜。由于这层膜的作用，锈液不会流挂。耐候钢表面形成稳定锈层后，有机膜脱落消失。借助有机膜对早期耐候钢表面的保护以及使涂层中的改性组分与耐候钢表面发生作用，尽早形成保护性锈层，以此来抵御腐蚀性介质对耐候钢基体的侵蚀。

（3）氧化铁-磷酸盐系处理。氧化铁-磷酸盐系由底漆和面漆组成，底漆含有磷酸（磷酸盐）、氧化铁等，磷酸能使 Fe^{2+} 沉淀，当 Fe^{2+} 通过涂膜时被氧化成 Fe^{3+}，从而促进 α-FeOOH 的形成。在环境腐蚀严重的地区，还需要涂刷面漆。面漆一般采用具有良好耐候性、耐蚀性的含氧化铁的丙烯树脂涂料。

（4）新型表面稳定化处理技术。例如，日本开发的新型表面稳定化处理技术，是在聚乙烯缩丁醛树脂中加入少量的硫酸铬，制成表面复合处理剂，直接在耐候钢表面产生 $15 \sim 20 \mu m$ 厚的涂层，涂膜和钢界面发生反应，能在短时间内使钢表面形成稳定化锈层。硫酸铬在钢表面液膜中解离出 SO_4^{2-} 和 Cr^{3+}，其中 SO_4^{2-} 可以加速钢表面的腐蚀，促进 α-FeOOH 的形成，Cr^{3+} 可以置换部分 α-FeOOH 生成稳定的 α-$(Fe_{1-x}Cr_x)OOH$，提高锈层的防护性能。

（5）环保型无铬钝化形成新锈层处理技术。日本川崎制铁公司开发的环保型无铬钝化形成新锈层处理技术的基本原理是以微细铁氧化物和钼酸为原料，微细铁氧化物在腐蚀环境下形成锈核，可促进保护性锈层的形成，而钼酸分散在锈层中能够抑制 Cl^- 的穿透。

8.4.2　低合金结构钢锈层的稳定化处理技术案例

针对我国大气腐蚀环境和耐候钢使用中出现的锈层稳定化时间过长及锈液流

挂等问题，提出并研究了 Zn-Ca 系磷化化学转化膜 + 丙烯酸树脂-SiO₂（简写为 B-Si）复合膜处理，并评价复合膜在缩短耐候钢锈层稳定化过程和避免锈液挂流方面的有效性，研究其作用机理。

试验钢采用宝钢生产的 B450QN 耐候钢，主要成分为：C 0.0873%，Si 0.287%，Mn 0.420%，P 0.09%，S 0.0044%，Cr 0.66%，Ni 0.23%，Cu 0.31%，Al 0.074%。

选用中温 Zn-Ca 系磷化对耐候钢进行涂膜前处理，在此基础上涂覆一层 B-Si 有机-无机复合膜。Zn-Ca 系磷化处理处理工艺按下列步骤进行：除油→水洗→酸洗→水洗→表面调整（自制胶态磷酸钛盐表调剂）磷化（发黑）→水洗。B-Si 复合涂膜溶液主要由丙烯酸树脂和二氧化硅溶胶组成。丙烯酸树脂为水溶性丙烯酸树脂漆，固分含量为 30%；二氧化硅系硅溶胶，固分含量是 25%～26%，密度为 1.06g/L。B-Si 复合膜用溶液成分（质量分数）为：SiO₂ 11%～14%，86% 丙烯酸树脂 76.54%～73.96%，其余为去离子水溶剂。根据丙烯酸-SiO₂ 有机复合膜的成膜特性，选择了 3 种干燥固化温度：100℃、120℃、140℃，干燥时间均为 30min。磷化与涂漆间隔一般不超过 16h，在制备磷酸盐化学转化膜后 16h 内刷涂复合膜。

为了确定不同稳定化处理工艺对耐候钢锈层稳定化的作用，以及耐候钢表面锈层的稳定化和耐蚀性，采用干湿交替周期浸润加速腐蚀试验，对前述不同工艺获得的 B-Si 复合膜耐候钢试样进行加速腐蚀实验评价。试验条件为：干湿交替周期浸润试验 8h，然后在 40℃温度连续干燥 16h，总计 24h 为一个周期，试验验总时间为 38 天。

试验结果显示，未涂膜的耐候钢试样在周浸试验过程中质量呈递增趋势，而施加 B-Si 复合膜试样略显失重，但经过一段时间（约 264h）后，质量逐渐趋于稳定，几乎不随时间变化，失重范围为 0.055～0.339mm/a；耐候钢裸样表现为增重，增重率为 1.91mm/a，两者相差十分显著。

从试样腐蚀电位-时间变化曲线看，在腐蚀初期，由于试样表面不断发生锈蚀，锈层在干湿交替状态下会不断反应发生物相转变，即：$Fe \rightarrow Fe^{2+} \rightarrow Fe(OH)^+ \rightarrow Fe(OH)^{2+} \rightarrow$ 绿色的锈层混合物→无定形 γ-FeOOH→α-FeOOH，因此在 250～625h 的时间范围内，所有试样的腐蚀电位均出现了明显的波动。之后，由于试样表面已形成比较完整、致密且具有保护作用的稳定化锈层，电位才逐渐趋于稳定（－0.590～0.605V）。施涂 Zn-Ca 磷化 + B-13Si（120℃）复合膜试样的电位从 625h 至 900h 已达 －0.4V，缓慢呈上升趋势，表明其耐蚀性增加，复合膜对促进耐候钢表面锈层稳定化有非常良好的效果。

复合膜对耐候钢表面稳定化作用：一是依靠有机膜阻止外部的腐蚀性介质侵蚀钢表面的屏蔽作用；二是依靠磷化膜对腐蚀的抑制作用，从而达到抑制 Fe^{2+} 的流出、避免锈液流挂的目的。

有机膜的屏蔽作用：表面的 B-Si 有机膜的主要成分是改性的丙烯酸有机树脂涂料。在涂膜形成过程中，涂料中异氰酸酯（R—N＝C＝O）除了与有机树脂组分中的羟基反应生成氨醋加成物外，还与氨脂加成物继续反应，交联成网状结构的高聚物。同时，由于涂料中胶态 SiO_2 粒子表面的硅烷醇基（Si—OH）能与有机树脂组成的羟基发生交联反应，使聚合物分子量进一步增大，降低了膜层的吸水率。这种有机膜可以增强对水、氧及其他腐蚀性离子的渗透和扩散阻力，具有部分抵御阻隔外部腐蚀性物质侵入钢表面的屏障功能，减缓钢的腐蚀过程。

磷化膜的缓蚀作用：由于一般有机涂膜都存在气孔或因紫外线老化，加之受有机膜所含亲水性基团（Si—O—Si，Si—OH）的影响，氧和水等腐蚀性物质可被吸收到涂膜内部，通过多孔的磷化膜进一步扩散到钢表面，从而发生局部腐蚀。磷化膜的存在，在钢的腐蚀过程中，可在阳极区生成 Zn^{2+} 和 Ca^{2+}，从阳极向阴极迁移的 Zn^{2+} 和 Ca^{2+} 在阴、阳极交界处与 OH^- 相结合，形成对钢有保护作用的 $Zn(OH)_2$ 和 $Ca(OH)_2$ 沉积层，从阳极向阴极扩散的 $H_2PO_4^-$ 也在交界处同 OH^- 结合，从而降低阴极区的碱度，提高有机涂膜的耐久性，降低铁锈的生长速度，对钢起到了缓蚀作用。

上述 Zn-Ca 磷化 + B-Si 复合膜所具备的两种功能不是各自独立，而是相辅相成的，共同起到促进耐候钢表面锈层稳定化的作用，从而提高钢的耐候性效果，达到防止锈液流挂、促进其表面生成均匀致密的保护性锈层的目的。

8.5　小结

在低合金结构钢中添加少量 Cu、P、Cr、Ni、Mo 等合金元素，生成的内锈层与基体金属黏附性好、致密，可形成富集合金元素的非晶态层，在大气中具有比普碳钢更耐蚀的性能，其表面能在长期暴露情况下形成保护性锈层，从而有效阻滞腐蚀介质的渗入和传输，它的耐大气腐蚀性能可以达到普通碳钢的几倍，并且使用时间愈长，其耐候的作用愈突出。这是耐候钢提高耐蚀性的主要原因。Ca和 Sb 的微合金化，也能对低合金结构钢表面的腐蚀过程进行调控，明显改变其耐蚀性。

锈层稳定化处理技术的开发点主要集中在耐候性涂膜处理技术和氧化物涂层处理技术，且氧化物涂层处理技术占优势。工程应用立足点多为钢结构的表面改性处理，不适应大批量生产锈层稳定化处理的钢板。锈层稳定化处理在国内是一种前沿的应用技术，从便于推广的角度看，氧化物涂层处理技术可借助现有工程的涂装工艺和设备，实现工程应用，具有较好的前景；耐候性涂膜处理技术适合应用于大型结构，必须对该技术进行深度开发，研制出高性能的单层型表面锈层处理剂，才可能适用于表面锈层稳定化处理钢板的大批量生产，为更多的耐蚀结构钢新品种的产生奠定坚实的技术基础。

参 考 文 献

［1］ Choi Y S, Shim J J, Kim J G. Effects of Cr, Cu, Ni and Ca on the corrosion behavior of low carbon steel in synthetic tap water ［J］. Journal of Alloys and Compounds, 2005, 391 (1): 162 – 169.

［2］ Kim K Y, Hwang Y H, Yoo J Y. Effect of silicon content on the corrosion properties of calcium-modified weathering steel in a chloride environment ［J］. Corrosion, 2002, 58 (7): 570 – 583.

［3］ Yamamoto M, Kihira H, Usami A, et al. Corrosion resistance of Ca-Ni added weathering steel in marine environment ［J］. Tetsu-to-Hagane, 1998, 84 (3): 194 – 199.

［4］ Kim K Y, Chung Y H, Hwang Y H, et al. Effects of calcium modification on the electrochemical and corrosion properties of weathering steel ［J］. Corrosion, 2002, 58 (6): 479 – 489.

［5］ 刘丽宏, 齐慧滨, 卢艳萍, 等. 耐大气腐蚀钢的研究概况 ［J］. 腐蚀科学与防护技术, 2003, 15: 86 – 89.

［6］ Reformatskaya I I, Rodionova I G, Beilin Y A, et al. The effect of nonmetal inclusions and microstructure on local corrosion of carbon and low-alloyed steels ［J］. Protection of Metals, 2004, 40 (5): 447 – 452.

［7］ Ma H C, Liu Z Y, Du C W, et al. Stress corrosion cracking of E690 steel as a welded joint in a simulated marine atmosphere containing sulphur dioxide ［J］. Corrosion Science, 2015, 100: 627 – 641.

［8］ Usami A, Okushima M, Sakamoto S, et al. New S-TENTM1: An innovative acid-resistant low-alloy steel ［J］. Nippon Steel Technical Report, 2004 (90): 25 – 32.

［9］ Le D P, Ji W S, Kim J G, et al. Effect of antimony on the corrosion behavior of low-alloy steel for flue gas desulfurization system ［J］. Corrosion Science, 2008, 50 (4): 1195 – 1204.

［10］ Park S A, Kim S H, Yoo Y H, et al. Effect of chloride ions on the corrosion behavior of low-alloy steel containing copper and antimony in sulfuric acid solution ［J］. Metals and Materials International, 2015, 21 (3): 470 – 478.

［11］ Lins V F C, Soares R B, Alvarenga E A. Corrosion behaviour of experimental copper-antimony-molybdenum carbon steels in industrial and marine atmospheres and in a sulphuric acid aqueous solution ［J］. Corrosion Engineering, Science and Technology, 2017, 52 (5): 397 – 403.

9 低合金结构钢焊缝的耐蚀性能调控

低合金结构钢的焊接性是除强韧性之外，最重要的性能之一。发展一个低合金结构钢新品种，焊接问题的解决往往决定着品种的成败，对中厚板和管线钢尤其重要。焊缝导致材料性能的下降，例如，现代化管线钢的发展主要是围绕着改进管线钢管的焊接性能，因为焊接工艺是输气管道铺设的主要工艺之一。管线钢焊接时经历一系列复杂的非平衡物理化学过程，造成焊缝和热影响区的化学成分不均匀性、晶粒粗大和组织偏析等焊接缺陷。工程实践表明，低合金结构钢构件的腐蚀破坏大都发生在焊缝处，导致了很多灾难性事故的发生，如北海油田大型钻井平台倾覆事故。

低合金结构钢构件焊缝腐蚀类型也是多种多样的，如沟槽腐蚀、点蚀、缝隙腐蚀、电偶腐蚀等都可能发生，其中应力腐蚀和腐蚀疲劳是低合金结构钢构件焊缝处最容易发生的腐蚀类型，应力腐蚀和腐蚀疲劳对低合金结构钢构件焊缝具有极大的破坏性，会导致毫无征兆的重大事故发生。发展低合金结构钢新品种，首要的问题就是解决焊缝的成分组织调控问题。有关焊缝强韧性问题的研究较多，可以认为，低合金结构钢焊缝的强韧化理论和工艺问题已经解决，但是有关焊缝的耐蚀性能调控的研究较少。本章叙述低合金结构钢构件焊缝耐蚀性能调控的有关问题。

9.1 低合金结构钢焊缝组织与腐蚀相电化学起源

大量使用的 X80 管线钢是低碳微合金、高强度、高韧性钢，这种良好的强韧性配合在制管和现场焊接过程中会受到焊接过程的削弱，特别是热影响区的晶粒粗化和组织结构的变化将使得热影响区的性能与母材性能相比严重下降，焊接热影响区不再具有母材的许多优异性能。

管线钢焊接过程中由于局部热效应产生焊接热影响区，热影响区经历快速加热和冷却过程后，晶粒过分长大，形成不良组织。当用不同热输入量焊接钢板时，其热影响区（HAZ）的显微组织随热输入量（和焊后冷却速度）而变。热影响区的显微组织形态随焊后冷却速度的快慢而变化，从马氏体、下贝氏体、上贝氏体到铁素体-珠光体。在马氏体区域，马氏体被固溶的碳和氮所脆化；在上贝氏体区域，在过共晶铁素体边缘形成的 M/A 相是脆化相。对 X80 钢焊接热影响区，一般认为焊缝组织以针状铁素体为主，另加少量先共析铁素体。焊接过热区为贝氏体组织，正火区为贝氏体和铁素体组织，不完全正火区为贝氏体和铁素体组织。X80 钢晶粒细小，在焊接热循环作用下会发生晶粒长大或第二相溶解等现象，使热影响区硬度下降，产生软化。焊接线能量较小，晶粒长大不明显，粗晶区仍具有较高的韧性水平；随着焊接线能量的逐渐增大，晶粒粗化比较明显，致使韧性恶化。

焊接材料的合金组成及含量是决定焊缝成分、组织和性能的重要影响因素。如果采用低匹配，焊接低合金高强度管道钢焊缝会产生应变，焊缝需要具有更高的韧性以防止在缺陷处产生裂纹，宜采用高匹配。高匹配时缺陷容限大于低匹配，这一限度随屈服强度与拉伸强度比率增加而降低，在强度匹配方面气体保护熔化极自动电弧焊比焊条电弧焊更具优势。同时为了满足腐蚀性的要求，焊缝与母材的化学和电化学性能不能相差太大，应该采用与母材相同类型的焊接材料。

焊接接头试样包括焊缝区、热影响区和母材区。对于焊接热影响区（HAZ）的显微组织分布，有不同的分类方法。按其所经历热循环的差异，可将焊接热影响区划分为过热区、正火区、不完全正火区和回火区四个微区区段。在焊接过程中，热影响区内各点随距焊缝的远近不同，其所经历的焊接热循环和热经历也不同，由此就会产生不同的显微组织，相应地就具有不同的性能。因此，焊接接头的腐蚀可以用相电化学的方法进行研究。

焊接热影响区是一个具有组织梯度和性能梯度的非均匀连续体，这些具有不同组织、不同性能、不同零电流电位的微区部位共存于同一金属结构（焊接接头）上，并暴露于同一电解质体系中，它们之间必将形成各种不同的电偶电池，各微区金属之间的电极电位差异就是电池作用的驱动力。焊接接头是一个多电极体系，它们在电解质溶液中构成了非常错综复杂的电化学电池关系。在这个多电极电池体系中，任何两个具有不同电极电位的微区域都将各自组成一个电偶电池，即腐蚀原电池，其中电极电位高者将成为原电池中的阴极，而电极电位低者则成为原电池中的阳极。在多电极体系中，有的电极区域在某一组电池中是阴极，而同时又能成为另一组电池中的阳极。

Q235 管线钢焊接接头各区域的自腐蚀电位由低至高的顺序依次为，熔合线、不完全正火区、过热区、正火区、回火区、母材、焊缝区。在焊接接头上最先遭受破坏和遭受破坏最严重的微区域部位，主要取决于各微区域电极电位的相对差别，同时还受到各个微区域在电化学电池中的极化性能以及不同微区域之间的电阻通道和电阻大小的影响。相邻两个微区域之间通道距离最短且电阻最小，因此它们之间形成的电化学电池作用也将更为强烈。吴荫顺[1]等测量和研究了 16Mn 钢焊接接头上不同热经历区在硝酸盐溶液中的微区相电化学行为以及外加载荷（应力）的影响，结果表明：加载前，各热经历区中自腐蚀电位最负和次负的是熔合线区和不完全正火区，各区中珠光体的自腐蚀电位均比铁素体负，熔合线区和不完全正火区中的珠光体组织在焊接接头腐蚀电池中起阳极作用，选择性地优先遭受腐蚀；加载后，各热经历区及其中的铁素体、珠光体的自腐蚀电位明显负移，相应的自腐蚀电流密度增大，铁素体和珠光体之间电位差显著减小，自腐蚀电位最负和次负的仍是熔合线区和不完全正火区，是最可能引发应力腐蚀开裂的敏感部位，应力促进腐蚀并非是通过增大铁素体和珠光体之间的电位差，而是通过提高各微区相组织自身的电化学活性来实现的。

9.2 低合金结构钢焊缝应力腐蚀敏感性

冷裂纹是管线钢焊接时可能出现的一种具有延迟特性的危险缺陷，它是引起管线脆性断裂，产生应力腐蚀破坏的发源地。冷裂纹一般是在焊接冷却过程中，在马氏体开始转变温度点附近或更低温度区间逐渐产生的，多发生在100℃以下。大量的生产实践和理论研究表明，钢的淬硬倾向、焊接接头中含氢量及其分布、焊接接头的应力状态是管线钢焊接时产生冷裂纹的三大因素。由于在安装现场安装焊接时受焊接工艺和施工环境条件的影响，易于满足冷裂纹产生的三个条件，因而管线钢焊接冷裂纹主要产生在现场安装焊接的接头中。

应力腐蚀（SCC）是工程结构尤其是焊接结构中常见的一种失效形式，是金属在应力和腐蚀环境共同作用下发生的破坏行为。由于管线钢焊接接头区域电化学腐蚀特性的不同以及焊接接头的不均匀性，可能会导致管线钢焊接接头的腐蚀行为不同于母材，尤其是与焊接工艺有很大关系的焊接残余应力。焊接残余应力对 SCC 有很大影响，焊后热处理和调整焊接工艺以减少焊接残余应力，可以提高焊接结构的抗 SCC 能力。有关焊接接头组织对 X80 钢 SCC 的研究表明，晶格处于平衡状态的组织，其应力腐蚀的抗力高；而远离平衡状态的组织，则容易产生腐蚀断裂。王炳英等[2,3]研究了国产 X80 管线钢焊接接头在 NS4 溶液中的应力腐蚀开裂敏感性，X80 管线钢及焊接接头在 NS4 溶液中的极化曲线具有典型的活性溶解特征。SSRT 试验结果表明，随着外加电位的负移，断裂时间、断面收缩率、应变量明显变小，焊接接头的应力腐蚀开裂敏感性增加，应力腐蚀断口呈现穿晶准解理特征。施加相同外加电位时，焊接接头较母材的应力腐蚀敏感性增加，其断裂位置全部落在焊缝或 HAZ 处。焊接接头在 0.5mol/L Na$_2$CO$_3$ + 1mol/L NaHCO$_3$ 溶液中拉伸试样全部断裂在焊缝或热影响区。在所研究的电位区间，拉伸试样随着外加电位正向增加，断面收缩率、断裂时间和断后伸长率增加，而断口部位的裂纹平均扩展速率减小，SCC 敏感性降低。试样断口形貌在阴极电位条件下呈准解理断裂；在自腐蚀电位和阳极电位条件下，焊缝试样断口主要是韧性断裂，应力腐蚀机理可以用阳极溶解理论和氢致破裂来解释。鲜宁等[4]采用应力环试验研究了在 H$_2$S 环境下，喷丸强化及其后处理技术对 X80 管线钢焊接接头应力腐蚀开裂的影响。由于残余压应力和晶粒细化的共同作用，喷丸强化能有效改善 X80 钢焊接接头抗 SCC 的能力；若喷丸强化后再表面磨光，则可以进一步改善喷丸强化提高 SCC 抗力的效果。有关 X80 管线钢焊接接头的抗 H_2S 环境应力腐蚀开裂（SSCC）行为研究结果表明，热影响区对应力腐蚀开裂最为敏感。

9.3　低合金结构钢焊缝耐蚀性的成分调控

为了提高焊接接头的 SCC 抗力，利用传统的强度设计方法来选择焊接材料显然是不合适的。理想的解决方法应当根据材料的 SCC 性能，研制新的焊接材料。董俊明等在研究低合金钢焊缝金属的基础上，添加少量的微合金元素，研究微合金元素对焊缝金属应力腐蚀破裂性能的影响。通过焊条药皮向焊缝金属过渡 Cr、Mo、Ni、Cu、B 等合金元素，利用悬臂弯曲 SCC 试验测试不同焊缝金属在混合硝酸盐溶液中的 SCC 临界值 J_{1SCC}、应力腐蚀裂纹扩展速率 da/dt 等来评判研究材料抵抗 SCC 的能力，并借助腐蚀电化学和俄歇能谱分析等手段，探索研究材料 SCC 差异的原因。试验结果表明：Cr、Mo、Ni、B 在试验成分范围内，均可提高焊缝金属的 SCC 临界值 J_{1SCC}；Cu 则使焊缝的 SCC 抗力下降，使焊缝金属的临界钝化电流密度增加，应力腐蚀裂纹扩展速率增大，应力腐蚀破裂临界值降低。

碳化物形成元素 Cr 和 Mo 对焊缝金属在混合硝酸盐溶液中 SCC 性能的影响：随焊缝含 Cr 和 Mo 量的增加，焊缝的 SCC 的临界值 J_{1SCC} 提高，但两者提高的幅度不同。Cr 对焊缝金属 SCC 的影响，当 Cr 量小于 0.5% 时，随焊缝含 Cr 量的增加，焊缝金属 SCC 的临界值 J_{1SCC} 急剧增加；当含 Cr 含量大于 0.5% 时，虽然焊缝金属 SCC 的临界值 J_{1SCC} 也增加，但增加的幅度相当小。所以为了提高焊缝金属的抗 SCC 的能力，焊缝金属 Cr 的含量控制在 0.5% 左右是比较理想的。焊缝金属 Mo 含量的增加，总体上对焊缝金属 SCC 临界值 J_{1SCC} 提高的幅度没有微合金元素 Cr 的大。当焊缝金属 Mo 含量小于 0.16% 或者大于 0.33% 时，随 Mo 含量的增加，焊缝金属 SCC 的临界值 J_{1SCC} 提高的幅度很小，只有焊缝金属 Mo 含量处于 0.16% ~ 0.33% 范围内，其 SCC 的临界值 J_{1SCC} 才有较大幅度的提高。说明焊缝金属中过小的 Mo 含量对其 SCC 的临界值 J_{1SCC} 几乎没有影响，而过大的 Mo 含量对改善其 SCC 抗力意义不大。所以焊缝金属理想的 Mo 含量为 0.33% 左右。

低碳低合金钢焊缝金属在混合硝酸盐溶液中应力腐蚀破裂为典型的沿晶破裂，所以晶界的状态对其 SCC 性能的影响是相当重要的。焊缝金属增加 Cr 和 Mo 的含量，一方面使得 γ-α 的转变温度下降，减少了先共析铁素体（GBF 形成温度 770 ~ 680℃）的量，增加了侧板条铁素体（FSP 形成温度 700 ~ 550℃）和针状铁素体（AF 形成温度 500℃）的比例；另一方面 Cr 是强碳化物形成元素，因此能细化奥氏体晶粒。这两个原因导致研究材料的 SCC 抗力增加。反映在试验结果上，就是随焊缝含 Cr 和 Mo 量的增加，焊缝的 SCC 的临界值 J_{1SCC} 提高。从提高焊缝金属 SCC 抗力的角度来看，增加焊缝金属中 Cr 的含量比增加 Mo 的含量效果更加显著。

Cu、Ni 和 B 的影响：使碳石墨化的元素 Cu 和 Ni 对焊缝金属晶界上碳的分布有重要的影响。碳钢在混合硝酸盐溶液中的 SCC，一般认为碳在晶界上富集会加速材料的应力腐蚀破裂。Cu 元素由于大大增加了碳在晶界的富集程度，所以使先共析晶界铁素体更难以钝化，因而增加了铁素体的溶解速度。反映在试验结果中，加 Cu 焊缝具有较低的 SCC 临界值 J_{1SCC}。Ni 虽然也增加碳元素在晶界上的富集，但其富集程度远比 Cu 元素所引起的小，焊缝金属加 Ni 也有减少先共析铁素体的作用，两方面综合的结果使得加 Ni 焊缝的 SCC 临界值 J_{1SCC} 最高，加 Ni 使焊缝的 SCC 抗力显著提高了。

B 是表面活性物质，焊缝金属加入 B，可以净化晶界，减少一些有害杂质元素的富集。另外，B 可以形成硼的碳化物和氮化物，既能细化晶粒，又能抑制先共析铁素体而诱导针状铁素体的形成。随着先共析铁素体量的减少，SCC 活性通道受阻，所以增加少量的 B 能够提高焊缝金属的 SCC 抗力。结果表明，加 B 的焊缝的 SCC 临界 J_{1SCC} 比未加 B 的对比焊缝提高了 2 倍以上。

9.4 低合金结构钢焊缝耐蚀性的组织调控

实际焊接接头的热影响区是一个具有组织梯度和性能梯度的非均匀连续体，这些具有不同组织、不同性能、不同零电流电位的微区部位共存于同一金属结构（焊接接头）上，在电解质溶液中构成了错综复杂的电化学电池关系。有学者采用微区封样的方式对焊接热影响区进行了研究。研究认为，在焊接热影响区各种组织组成的多电极体系中任意两个具有不同电极电位的微区域都将各自组成腐蚀原电池，某一组电池中的阳极有可能在另一组电池中为阴极。虽然微区封样能够获得不同组织各自的相电化学性能差异，但是无法将多种组织同时暴露于同一电解质体系中，因此缺乏对上述结论的直接证据。微区电化学测试能够对同一试样上不同区域的电化学形貌信息进行原位探测，使具有组织梯度的复杂结构的相电化学研究成为可能。

9.4.1 试样准备与试验

实验用 API X80 钢，从 X80 钢板材上截取尺寸为 80mm（长）×10mm（宽）×10mm（厚）的试样，如图 9-1 所示。在 Gleeble3500 型热力学模拟机上进行焊接热影响区组织模拟，热输入参数见表 9-1，实际热循环曲线如图 9-2 所示。加热线圈系于试样长度方向的中心，首先以 160℃/s 的速度加热到峰值温度 1300℃，保温 2s 后开始冷却，冷却到室温所用总时间为 117s。试样最中心的热循环完全按照图 9-2 所示的热输入曲线变化，从加热中心开始，加热温度和冷却速度均逐渐降低，形成具有组织梯度的焊接热影响区模拟组织。其中，靠近加热中心的阴影区为热影响区（HAZ），其长度约为 16mm；热影响与母材的交界区为过渡区（TZ），其长度约为 4mm。

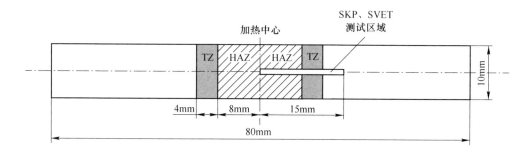

图 9-1　焊接热模拟试样示意图

表 9-1　焊接热模拟制度主要参数

峰值温度 /℃	加热速度 /℃·s⁻¹	峰值停留 时间/s	冷却时间/s			
			$T_{max} \sim 800℃$	$800 \sim 500℃$	$500 \sim 300℃$	$300℃ \sim$ 室温
1300	160	2	5	8	15	89

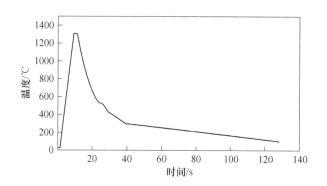

图 9-2　焊接热模拟加热和冷却曲线

9.4.2　试验结果与分析

图 9-3 所示为 X80 钢焊接热模拟试样受到热影响的区域的光学显微照片。可以发现受到热影响的区域大致分为三个部分：中心粗晶热影响区、细晶热影响区和热影响区与母材之间的过渡区。

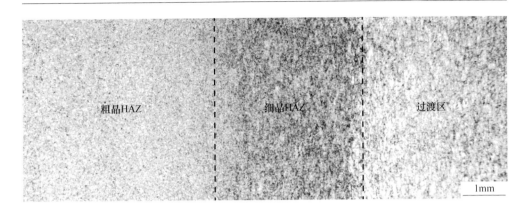

图9-3　X80钢焊接热模拟组织受到热影响的区域金相照片

　　图9-4所示为粗晶热影响区的显微组织SEM照片，热处理过程完全按照图9-2所示的热循环曲线进行。最左侧（图9-4（a））为加热中心，为板条贝氏体和粒状贝氏体的混合组织，并保留有加热等温过程中的原始奥氏体晶界，其原始奥氏体晶粒尺寸大约为50μm。板条贝氏体转变温度较低，在板条贝氏体转变开始前，高温阶段先形成针状铁素体组织，针状铁素体将原奥氏体晶粒划分成一个个相互隔离的小区域。随后贝氏体转变、生长被限制在这些小区域内进行，板条间出现薄片状M/A组元。粒状贝氏体的形成主要是由于连续冷却速度较慢，C有足够的时间由α/γ相变前沿界面向奥氏体内以较快速度扩散，从而避免了碳化物析出，结果导致残余奥氏体中C含量升高，奥氏体发生稳定化，贝氏体进一步转变，将稳定化的奥氏体包围。在随后的冷却过程中，富C奥氏体或转变为马氏体，或保留至室温，以残余奥氏体的形式存在。粒状贝氏体有分割板条贝氏体的作用，使相同取向的板条贝氏体变细、变短。从图9-4（a）到图9-4（b）随着加热温度的降低和冷却速度的减慢，原始奥氏体晶粒尺寸逐渐减小，板条贝氏体含量减少，粒状贝氏体含量增多。从图9-4（c）开始逐渐出现贝氏体铁素体，到图9-4（d）贝氏体铁素体含量逐渐增多，板条贝氏体和粒状贝氏体含量逐渐减少。

　　图9-5所示为细晶热影响区（FGHAZ）的显微组织SEM照片。可以发现FGHAZ由准多边形铁素体、贝氏体铁素体和粒状贝氏体组成，从图9-5（a）到图9-5（d）准多边形铁素体和贝氏体铁素体的含量逐渐增多，粒状贝氏体的含量逐渐减少，铁素体晶粒尺寸逐渐减小，铁素体基体上分布着颗粒状的M/A岛。随着无碳贝氏体铁素体的形成，富C奥氏体逐渐稳定化，到温度大概350~400℃时，残余奥氏体的碳含量基本达到0.5%~0.8%。继续冷却，由于受到焊接热模拟的热输入影响，残余奥氏体没有在300~350℃时转变为铁素体和渗碳体，而是在更低的温度下转变成板条和孪晶马氏体，部分奥氏体残留下来，形成M/A岛。

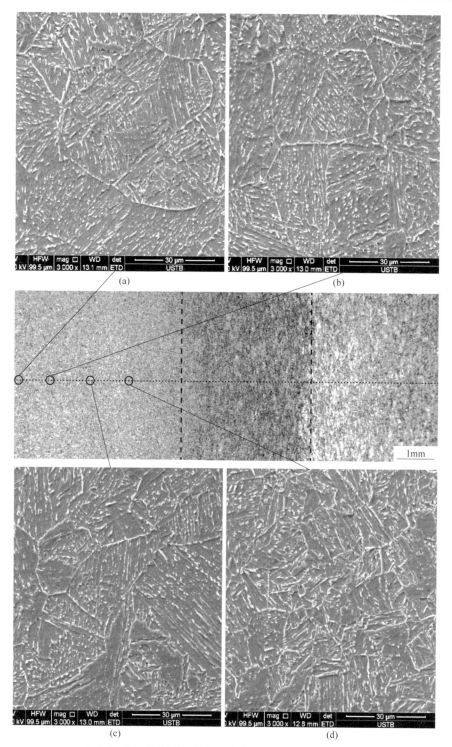

图 9-4　X80 钢焊接热模拟组织粗晶热影响区 SEM 照片

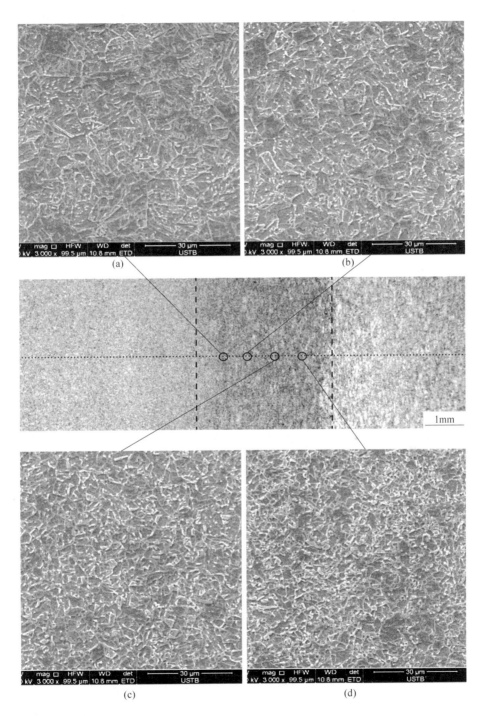

图 9-5 X80 钢焊接热模拟组织细晶热影响区 SEM 照片

图 9-6 所示为过渡区（TZ）的显微组织 SEM 照片。从图中可以看到过渡区的显微组织主要为贝氏体铁素体和准多边形铁素体，与母材组分基本相同。但是由于受到焊接热模拟过程的热输入影响，过渡区的铁素体晶粒尺寸明显大于母材，显微组织不均匀，且越靠近热影响区其组织不均匀性越明显。

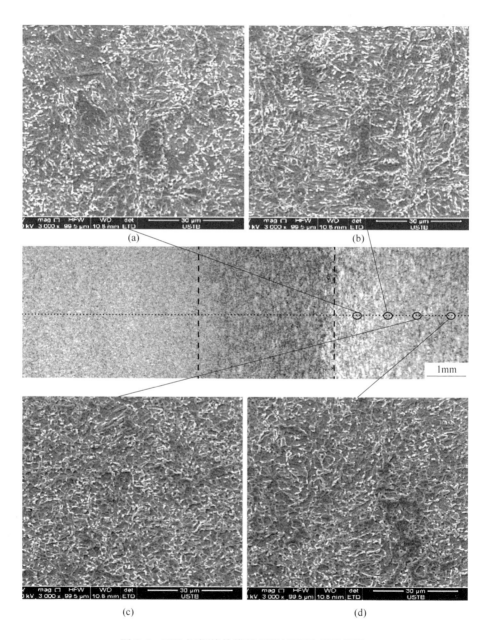

图 9-6　X80 钢焊接热模拟组织过渡区 SEM 照片

图 9-7 所示为图 9-1 中 X80 钢焊接热模拟组织测试区域在空气（温度 20℃，湿度 60% RH）中的 SKP 扫描图像，左侧边缘为加热中心，从左向右依次为粗晶区、细晶区、过渡区和母材。从图中可以看出，加热中心（板条贝氏体和粒状贝氏体）的 Kelvin 电位最低，约为 −0.45V。从加热中心开始，随着原始奥氏体晶粒尺寸的减小，Kelvin 电位逐渐升高，细晶热影响区处 Kelvin 电位升高到最大值 −0.32V。从细晶热影响区到过渡区 Kelvin 电位重新降低，降低的幅度较小，到过渡区出现第二个 Kelvin 电位低谷，约为 −0.38V。到母材区 Kelvin 电位又有所升高，大约为 −0.36V。

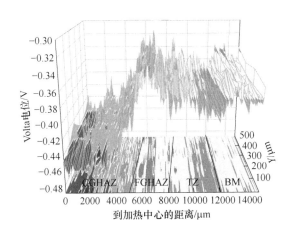

图 9-7　X80 钢焊接热模拟组织的 SKP 扫描图

图 9-8 所示为粗晶热影响区在酸性土壤模拟溶液中的 SVET 面扫描图像，左侧边缘为加热中心，从左向右，随着与加热中心距离的增大，SVET 电流密度逐渐降低，说明随着原始奥氏体晶粒尺寸的减小，以及板条贝氏体含量的减少，粒状贝氏体含量的增多，SVET 电流密度逐渐降低。随着浸泡时间的延长，从浸泡 1h 到 2h，接近加热中心的区域电流密度升高，远离加热中心的区域电流密度降低，之后加热中心的电流密度峰值逐渐降低，远离加热中心的区域电流密度逐渐升高，各个区域的差异逐渐减小。

图 9-9 所示为图 9-1 中 X80 钢焊接热模拟组织测试区域在酸性土壤模拟溶液中的 SVET 面扫描图像。左侧边缘为加热中心，从左向右依次为粗晶区、细晶区、过渡区和母材。从图中可以看出，浸泡开始时，加热中心的电流密度最高。从加热中心开始，随着原始奥氏体晶粒尺寸的减小，电流密度逐渐降低，细晶区和过渡区的电流密度基本相等，母材的电流密度最低。随着浸泡时间的推移，各个区域的电流密度均升高，过渡区升高的幅度最大。到浸泡 80min 时，过渡区的电流密度开始大于其两侧的细晶区和母材。浸泡 120min 时，过渡区的电流密度升高到基本与加热中心相等。整个试样分别在加热中心和过渡区出现两个电流密

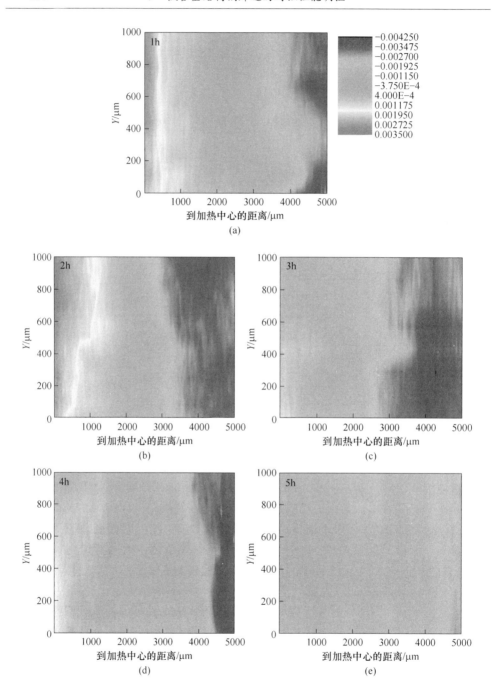

图 9-8　粗晶热影响区在酸性土壤模拟溶液中的 SVET 电流密度随浸泡时间的变化

度峰值。浸泡时间继续延长，粗晶区、细晶区和过渡区的电流密度均升高。过渡区的电流密度升高得最快，到浸泡 4h 时开始高于加热中心，整个过渡区成为电流密度峰值区，并且随着浸泡时间的延长逐渐向其周围区域扩展。加热中心的电流密度升高速度比较缓慢，虽然始终高于粗晶区其他部位，但是与其他区域的差距越来越小。

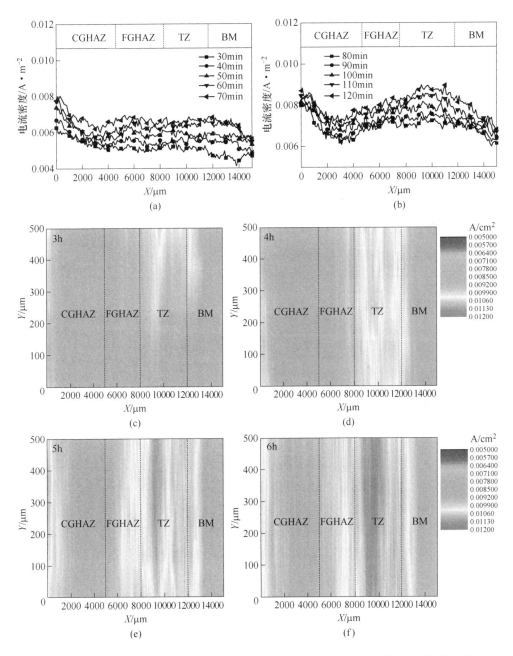

图 9-9 焊接热模拟组织在酸性土壤模拟溶液中的 SVET 电流密度随浸泡时间的变化

　　图9-10所示为X80钢焊接热模拟试样在酸性土壤模拟溶液中的浸泡形貌SEM照片。图9-10（a）为粗晶热影响区的浸泡形貌，从图中可以看出基体组织优先发生腐蚀溶解，原始奥氏体晶界、板条贝氏体的薄片状M/A组元和粒状贝氏体的M/A岛保留；图9-10（b）为母材的浸泡形貌，可以看到基体组织晶粒内部优先发生腐蚀溶解，铁素体晶界和第二相M/A岛保留，与X80钢热轧组织在酸性土壤模拟溶液中的腐蚀形貌相同。

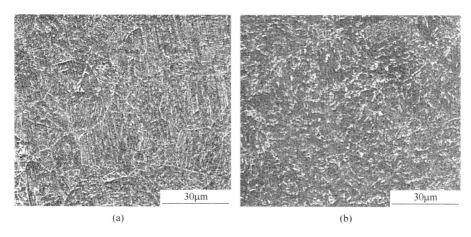

(a)　　　　　　　　　　　　　　　　　　(b)

图9-10　X80钢焊接热模拟试样浸泡形貌

（a）CGHAZ；（b）BM

　　利用二值法对粗晶热影响区中的第二相和奥氏体晶界含量进行计算，见表9-2。从表中可以看出，随着冷却速率的降低，第二相和原始奥氏体晶界的面积比逐渐增加，根据电偶腐蚀效应的计算公式，作为阴极的第二相和原始奥氏体晶界所占面积比越大，其对晶粒内部的阳极溶解反应加速作用越大。但是从图9-8中粗晶热影响区在酸性土壤模拟溶液中的SVET测试图可以看到，电流密度随着原始奥氏体晶界尺寸的减小以及板条贝氏体含量的减少而降低，说明板条贝氏体在酸性土壤模拟溶液中的腐蚀速率大于粒状贝氏体，板条贝氏体与粒状贝氏体的基体组织均为贝氏体，板条贝氏体的第二相M/A组元呈薄片状分布，而粒状贝氏体的第二相M/A组元呈粒状弥散分布，说明第二相的分布和形态对基体组织的阳极溶解电流密度具有重要影响。

表9-2　图9-4中粗晶热影响区各个区域的第二相和晶界面积比

粗晶热影响区	图9-4（a）	图9-4（b）	图9-4（c）	图9-4（d）
第二相和晶界面积比/%	8.52	8.70	8.83	10.01

从图 9-7 Kelvin 扫描测试图中可以看出，具有多个区域的焊接热模拟组织由于各个区域 Volta 电位的差异，形成多相耦合体系，其中粗晶热影响区的加热中心 Volta 电位最低，电子逸出功最小；其次为过渡区，过渡区的 Volta 电位低于与其邻接的细晶区和母材，但它们之间的差异远小于粗晶热影响区与细晶热影响区之间的差异。当这一多电极耦合体系在酸性土壤模拟溶液中发生腐蚀时，从图 9-9 SVET 电流密度随浸泡时间的变化可以看到，刚开始浸泡时，加热中心和粗晶热影响区的 SVET 电流密度最大，由于其较低的 Volta 电位优先显现出阳极特性，随着腐蚀反应的发生，反应产物在电极表面的形成和覆盖，这一区域与其周围的差异减小，过渡区与细晶区和母材的差异开始显现出来，导致过渡区的电流密度逐渐高于其周围的细晶区和母材。

9.5 小结

通过热模拟方法得到了结构钢焊接区四种典型模拟组织，分别模拟 HAZ 区的粗晶热影响区、细晶热影响区、过渡区和母材。其中粗晶区为板条贝氏体和粒状贝氏体的混合组织，并保留有原始奥氏体晶界；细晶区为准多边形铁素体、贝氏体铁素体和粒状贝氏体的混合组织；过渡区为贝氏体铁素体和准多边形铁素体，与母材相比组织不均匀。

X80 钢焊接热模拟组织在酸性土壤模拟溶液中浸泡时，各个区域均为基体组织的晶粒内部优先发生腐蚀，原始奥氏体晶界、铁素体晶界以及第二相作为阴极相具有相对较低的腐蚀速率。

Cr、Mo、Ni、B 在试验成分范围内，均能提高焊缝金属的 SCC 临界值（J_{1SCC}）；Cu 则使焊缝的 SCC 抗力下降，即使焊缝金属的临界钝化电流密度增加，应力腐蚀裂纹扩展速率增大，应力腐蚀破裂临界值降低。

Volta 电位和腐蚀电流可以精确表征焊缝的腐蚀特性。在低合金结构钢焊缝这样的多相组织耦合体系中，Volta 电位最低的区域优先显现出阳极溶解特性，其阳极溶解电流密度最高，随着腐蚀反应的发生，Volta 电位次低的区域由于具有比其周围区域更低的电子逸出功，其阳极溶解电流密度逐渐升高，阳极溶解特性开始显现出来。以上微区电化学测试方法，可以有效用于焊缝的成分和组织调控。

参 考 文 献

[1] 吴荫顺，刘德宇．应力对低合金钢焊接接头相电化学行为的影响［J］．电化学，1999，5（1）：49.

［2］王炳英，霍立兴，王东坡，等．X80 管线钢在近中性 pH 溶液中的应力腐蚀开裂［J］．天津大学学报，2007，40（6）：757．

［3］王炳英，霍立兴，张玉凤，等．CO_3^{2-}/HCO_3^- 溶液中 X80 管线钢焊接接头的应力腐蚀开裂分析［J］．焊接学报，2007，28（7）：86．

［4］鲜宁，刘道新，姜放，等．应力环与慢拉伸加载喷丸强化 X80 钢的 SCC 行为［J］．石油机械，2008，36（4）：18．

10 腐蚀环境与耐蚀低合金钢新品种

实际工程中，低合金结构钢构件的使用往往没有考虑环境问题。例如，目前针对钢筋混泥土中钢筋材料，只有强度级别要求，对其使用环境则没有规定，同一种钢筋，既可以允许在南海岛礁建设中使用，又能在华北腐蚀性很弱的环境下服役。这种不考虑环境而使用材料的情况，一则导致腐蚀事故多发，二则可能导致材料极大的浪费。因此，必须考虑低合金结构钢构件使用的环境适应性，才能发展与环境相匹配的耐蚀低合金结构钢新品种。

有关低合金高强度结构钢的品种，GB/T 1591—2018 已经有了明确的规定，但对各钢种的耐蚀性技术条件没有做出规定，这就给腐蚀环境中低合金高强度结构钢的使用带来了很大的困扰，阻碍了耐蚀低合金结构钢产业化的发展进程。目前急需解决的问题就是建立耐蚀低合金钢的牌号标准。

低合金结构钢的耐蚀性能与强韧性、焊接性的最大区别在于：耐蚀性取决于材料自身成分组织和环境影响因素两个方面。发展耐蚀低合金结构钢新品种，除了考虑其成分和组织调控之外，还必须同时考虑环境因素。耐蚀低合金结构钢新品种与腐蚀环境密切相关。

耐蚀低合金结构钢新品种开发存在两个方面的科学问题：一是大量数据采集及挖掘基础上的材料腐蚀性能与关键环境因素内在规律与建模。腐蚀性能包括腐蚀类型、腐蚀速度、腐蚀电位等；环境因素主要包括温度、湿度、全盐量、润湿时间、Cl^-、污染物等。二是耐蚀性与关键组织结构因素的跨尺度交互作用建模与制备工艺实现。材料关键组织结构包括成分、夹杂物、相组成、相结构、晶粒度及其畸变等；制备工艺包括冶炼、连铸、控轧、后序处理等。例如，基于"腐蚀大数据"理论与技术的新型海工钢的开发流程中，必须首先实现计算、实验与生产数据全流程"大数据"的自动采集、积累、整合与应用，研发高通量试验与耐蚀性评价技术，揭示海工钢微观组织、结构和耐蚀性之间内在规律，实现海工钢成分组织调控技术优化，突破多尺度数据建模和仿真技术瓶颈；其次，需要建立拥有海工钢服役环境和组织结构微区腐蚀性能"大数据"的数据高通量采集及机器学习技术，形成专用数据库系统，这样才能缩短开发高品质海工钢的时间并降低研发成本。

前 9 章叙述了通过成分和组织调控以改善低合金结构钢的耐蚀性能，本章在 ISO 12944-2—2017 中腐蚀环境分类研究的基础上，对低合金结构钢服役环境进行多层次分析，讨论腐蚀环境对高品质长寿命耐蚀低合金钢新品种开发的重要作用，并结合 GB/T 1591—2018 对低合金高强度结构钢的品种要求，倡导发展耐蚀低合金结构钢的牌号标准，以推动耐蚀低合金结构钢产业的发展。

10.1　低合金结构钢构件的腐蚀环境分析

环境腐蚀性是在某个腐蚀体系中，环境造成结构钢腐蚀的能力。ISO 12944-2—2017 中的腐蚀环境分类部分，给出了钢结构所处的主要腐蚀环境的等级分类和这些环境的腐蚀性。包括：基于标准样本的质量损失（或厚度损耗），定义了大气环境腐蚀性的级别，也描述了钢结构所处的典型自然大气环境，对腐蚀性评估给出了建议；描述了钢结构浸泡在水中和埋于土壤中的不同腐蚀性级别；给出了一些会导致腐蚀加重的特殊腐蚀环境的相关信息，这种情况下对防护涂料体系的性能要求更高；特殊环境或特种腐蚀性类别下的腐蚀环境情况，是调整防护涂料体系选择的必要参数。

10.1.1　低合金结构钢构件的大气、土壤和水腐蚀环境分析

经验表明，严重腐蚀多发生在相对湿度大于 80% 且温度高于 0℃ 时。但是，如果污染物质和/或吸湿盐分存在，在更低的湿度下腐蚀也会发生。根据 ISO9223，大气环境被分为 6 类大气腐蚀性级别：C1 非常低的腐蚀性；C2 低的腐蚀性；C3 中等的腐蚀性；C4 高的腐蚀；C5 很高的腐蚀性；CX 极端的腐蚀性（表 10-1）。水和土壤的腐蚀性级别是很难定义的，因为腐蚀通常是局部的，表 10-2 给出了描述性的分级情况。

表 10-1　大气环境腐蚀性分类和典型环境案例

腐蚀级别	单位面积上质量和厚度损失（经第 1 年暴露后）				温性气候下的典型环境案例（仅供参考）	
	低碳钢		锌			
	质量损失 /g·m⁻²	厚度损失 /μm	质量损失 /g·m⁻²	厚度损失 /μm	外　部	内　部
C1 很低	≤10	≤1.3	≤0.7	≤0.1	—	加热的建筑物内部，空气洁净，如办公室、商店、学校和宾馆等
C2 低	>100 ~ 200	>1.3 ~ 25	>0.7 ~ 5	>0.1 ~ 0.7	低污染水平的大气，大部分是乡村地带	冷凝有可能发生的未加热的建筑（如库房，体育馆等）
C3 中	>200 ~ 300	>25 ~ 50	>5 ~ 15	>0.7 ~ 2.1	城市和工业大气，中等的二氧化硫污染以及低盐度沿海区域	高湿度和有些空气污染的生产厂房内，如食品加工厂、洗衣场、酒厂、乳制品工厂等

腐蚀级别	单位面积上质量和厚度损失（经第 1 年暴露后）				温性气候下的典型环境案例（仅供参考）	
	低碳钢		锌		外　部	内　部
	质量损失 /g·m⁻²	厚度损失 /μm	质量损失 /g·m⁻²	厚度损失 /μm		
C4 高	>400~650	>50~80	>15~30	>2.1~4.2	中等含盐度的工业区和沿海区域	化工厂、游泳池、沿海船舶和造船厂等
C5 很高	>650~1500	>80~200	>30~60	>4.2~8.4	高湿度和恶劣天气的工业区域和高含盐度的沿海区域	冷凝和高污染持续发生和存在的建筑和区域
CX 极端	>1500~5500	>200~700	>60~180	>8.4~25	具有高含盐度的海上区域以及具有极高湿度和侵蚀性大气的热带亚热带工业区域	具有极高湿度和侵蚀性大气的工业区域

注：定义腐蚀性级别所使用的损失值与 ISO 9223 中给出的是相同的。

表 10-2　水和土壤的腐蚀分类

分类	环　境	环境和结构的案例
lm1	淡水	河流上安装的设施，水力发电站
lm2	海水或微咸水	没有阴极保护的浸入式结构（例如港口区域，如闸门、水闸或防波堤）
lm3	土壤	埋地储罐、钢桩和铜管
lm4	海水或微咸水	带有阴极保护的浸入式结构（例如海上结构）

注：注意腐蚀性类别 lm1 和 lm3，阴极保护可与涂料体系进行相应的测试。

10.1.2　低合金结构钢构件的特殊腐蚀环境分析

化学环境：由于工厂运作产生的污染物质（如酸、碱、盐、有机溶剂、侵蚀性气体和微尘）让腐蚀局部恶化。这类腐蚀环境存在于如炼焦、酸洗、电镀、织染、纸浆、制革和炼油厂等附近。

机械应力：大气中磨损应力（磨蚀）可能因为风挟带的颗粒（如砂粒）摩擦钢结构表面而产生。在水中，机械腐蚀应力可能因石头移动、砂的摩擦、浪的冲刷等而产生。

冷凝造成的腐蚀环境：如果一个钢结构的表面温度，几天保持在露点或露点以下，产生的冷凝将导致一个特别高的腐蚀环境；特别是如果这种冷凝可能在定期的间隔中复发（如在自来水厂、给水装置、冷却水管道上）。

中高温造成的腐蚀环境：中温是 60~150℃，高温是 150~400℃。这么高的温度只有发生钢结构运行中的特殊条件下（如中温发生在道路沥青铺设中，高温发生在钢制烟囱、排气管或炼焦中的排气装置）。

几种环境组合造成腐蚀增强：对于同时暴露在机械和化学腐蚀环境中的表面，腐蚀发生更快。例如，靠近铺有砂粒和盐的马路边的钢结构，过往的交通工具会把盐水和砂粒溅到部分结构上，表面就会暴露在盐的腐蚀环境和粗沙的机械腐蚀应力下。结构的其他部分也会被盐雾湿润。例如，位于已被盐化的马路上面的立交桥下表面就会发生这种情况，飞沫区域通常设定为离路面 15 米内的区域。

10.2　低合金结构钢构件腐蚀局部环境和微型环境

ISO 12944-2—2017 给出了腐蚀局部环境和微型环境的定义和一些具体规定。

局部环境（local environment）：钢结构各组成部分周围的大气状况。这些状况决定了包含气象条件和污染因素的腐蚀性类别。

微型环境（micro-environment）：钢结构各组成部分和周围物质的接触面的环境情况。微型环境是构件腐蚀性评估的一个决定性因素。

对于环境腐蚀性的判断和评估，局部环境和微型环境的正确鉴别是最重要的。一些决定性的微型环境的例子如桥的下面（尤其是水上）、室内游泳池的屋顶、一栋建筑物的阳光面和阴凉面。

通常，只需关注可能导致腐蚀行为发生的气候类型。在寒冷或干燥气候下的腐蚀速率比在温性气候下的腐蚀速率要低，在湿热气候中最高。尽管有相当大的局部差异存在，但主要关注的是钢结构暴露在高湿情况下的时间长度，就是湿润时间。钢结构各组成部分的位置也影响腐蚀。对于那些暴露在露天的钢结构，气候参数，如雨水、阳光、气体或悬浮形式的污染物质，都能影响腐蚀。在有遮盖物的地方，气候影响也会降低。在室内，大气污染物质的影响减少，尽管可能有由于通风不足、高湿度或冷凝引起的局部高腐蚀速率。

建筑物内部腐蚀因为没有与外界环境接触，位于建筑物内部的钢结构的环境腐蚀性通常是轻微的。如果建筑内部只有一部分未与外界环境接触，环境腐蚀性可以假定为与建筑周围的大气环境相同。例如用氯消毒的室内游泳池、牲畜房及一些特殊用途的建筑物内，建筑物内部的环境腐蚀性可能会因其被使用情况而增强，这些环境腐蚀性应被当作特殊环境处理。

因为季节性冷凝的形成，钢结构将承受更高的环境腐蚀性。一旦钢结构表面被电解液湿润，即使这种湿润是暂时性的（如在被建筑材料浸湿的情况下），也必须及时采取防腐措施。

盒状构件和空心构件因完全密封而不遭受任何内部腐蚀是不现实的，虽然密封严密只偶尔打开的空心构件内部的环境腐蚀性很小，但是即使是严密密封设计的盒子里也常能观察到冷凝现象发生。封闭的空心部件和盒状构件应从设计上确保它们的密封性（如没有不连续的焊接、紧密的螺栓连接），否则潮气进入并在内表面液化凝结，就会导致腐蚀发生。于是，内表面也必须采取防护措施，应采取耐蚀低合金结构钢或适当的防腐蚀措施。

10.3 低合金结构钢腐蚀进程中的腐蚀微环境变化

决定低合金结构钢耐蚀性能最重要的环境因素其实是腐蚀产物层下或涂层下的微环境。随着腐蚀的起源和发展，腐蚀产物层下，也就是低合金结构钢基体表面的微环境决定了腐蚀的进程与快慢。这里的微环境是动态的，也是调控低合金结构钢耐蚀性能的关键环境。

10.3.1 涂镀层下的腐蚀微环境变化

选用轧态 X70 管线钢为试验材料，以不同氯离子含量的 NaCl 水溶液作为缝隙腐蚀大溶池内的本体溶液，本体溶液化学成分见表 10-3。涂层缺陷下管线钢楔形缝隙模拟构型试验装置如图 10-1 所示。

表 10-3 缝隙腐蚀本体溶液中氯离子浓度和电导率

编号	A	B	C
溶液 $Cl^-/mol \cdot L^{-1}$	0.0006	0.0600	0.6000
电导率 $\sigma/\mu S \cdot cm^{-1}$	115	6500	73000

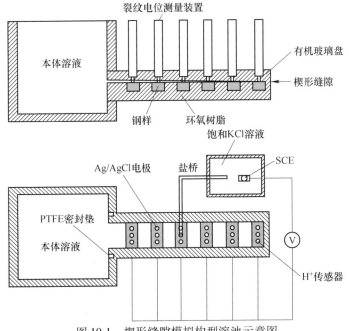

图 10-1 楔形缝隙模拟构型溶池示意图

　　缝内氯离子浓度（Cl⁻）随时间的变化情况如图 10-2 所示。当大溶池中的本体溶液氯离子浓度分别为 0.0006mol/L、0.0600mol/L 和 0.6000mol/L 时，对于某一种氯离子含量的本体溶液，随着距缝口距离的增加，缝隙中的氯离子浓度都逐渐增加，在狭窄的缝隙内 X70 钢在 NaCl 溶液中同时进行着金属阳极溶解反应和氧的阴极还原反应：

阳极反应：
$$Fe \longrightarrow Fe^{2+} + 2e \tag{10-1}$$

阴极反应：
$$O_2 + 2H_2O + 4e \longrightarrow 4OH^- \tag{10-2}$$

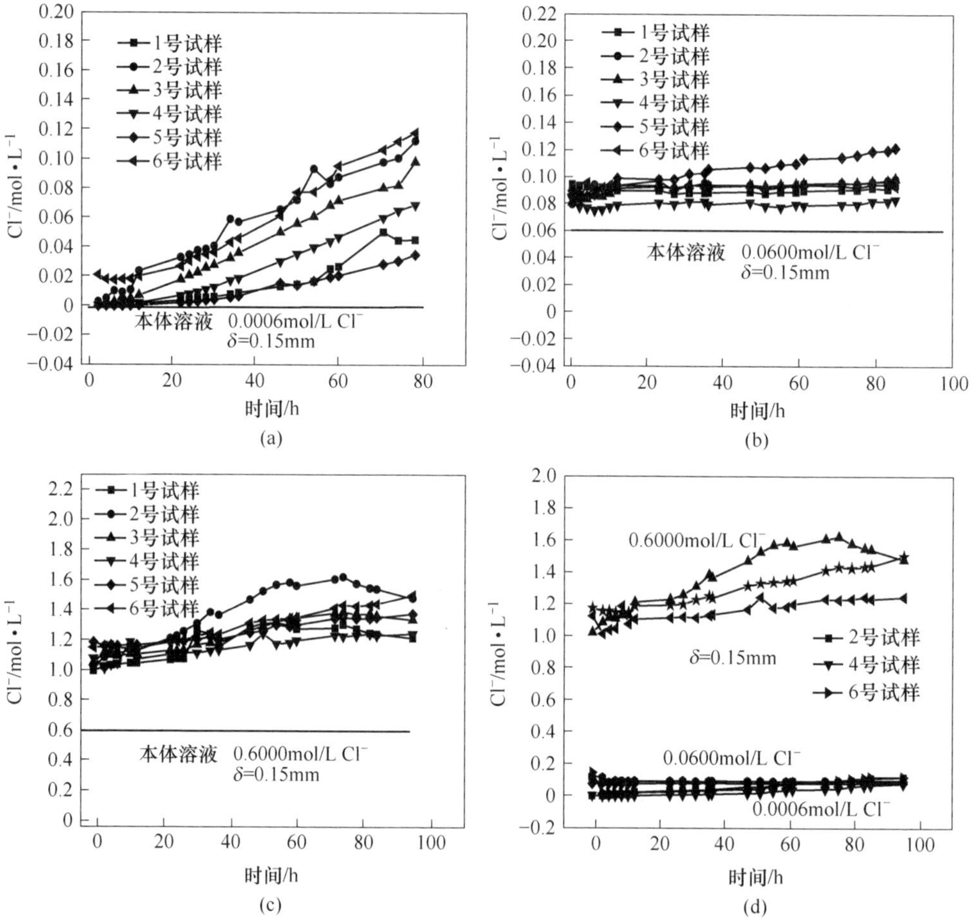

图 10-2　缝内不同距离处氯离子浓度随时间的变化

（a）本体溶液氯离子浓度 0.0006mol/L；（b）本体溶液氯离子浓度 0.0600mol/L；
（c）本体溶液氯离子浓度 0.6000mol/L；（d）三种本体溶液时缝内氯离子浓度比较

　　由于缝隙内传质困难，缝隙内部的氧很快地被消耗完，阴极反应就由缝内转移到缝口，缝内只进行着阳极反应，缝内溶解的带正电荷金属离子迅速积累。为了保持缝内的电中性，缝外的氯离子在缝内正电场的作用下向缝内迁移，使缝内的氯离子浓度提高。同时金属离子发生水解反应，使缝内溶液的酸性增强，缝内溶液的酸性环境又使缝内金属的溶解进一步加剧，如此"阳极反应→缝内氯离子浓度提高→金属离子水解→缝内酸化→加速溶解"过程反复进行，就导致了缝隙腐蚀。

在三种溶池氯离子浓度的本体溶液中，使各自缝内产生缝隙腐蚀的缝底氯离子浓度情况见表10-4。从表中发现，无论本体溶液中氯离子浓度的高低，缝底氯离子浓度都趋于一定的数值，即 $0.11826 \sim 1.37505$ mol/L，且在较低和中等氯离子浓度（0.0006mol/L 和 0.0600mol/L）的本体溶液时，缝底的氯离子浓度值都趋于一致，约为 0.1200mol/L。在较高氯离子浓度的本体溶液中（0.6000mol/L），缝底附近的氯离子浓度较高（1.3750mol/L），为本体溶液中氯离子浓度的 2.3 倍。

表 10-4　三种本体溶液中缝底试样处的氯离子浓度

本体溶液中氯离子浓度/mol·L^{-1}	缝底氯离子浓度/mol·L^{-1}	缝底氯离子浓度/本体溶液中氯离子浓度
0.0006	0.1182	197.3
0.0600	0.1214	2.0
0.6000	1.3750	2.3

从图 10-2 中可以发现，在三种氯离子浓度的本体溶液中，缝内试样附近的氯离子浓度都是呈现斜率向上的直线变化规律，在中等氯离子浓度（0.0600mol/L）的本体溶液中，缝内氯离子浓度上升较为缓慢，以 0.6000mol/L 本体溶液时缝内氯离子浓度增加最为迅速。

缝内的氯离子浓度要到一定的数值，是由于缝内钢的腐蚀要具备一定的电化学和溶液化学条件。钢的缝隙腐蚀是氧的去极化过程，氯离子并不直接参与腐蚀反应过程。在最初的氧化还原反应时，在不同浓度本体溶液中缝内进行氧化还原反应的速度基本上是一致的；随着时间的延长，缝内氧逐渐被耗尽，缝内缝外形成了氧浓差电池，氧的还原反应也由于缝外富氧而转移到缝外进行，这时，缝内金属被继续溶解，缝外的氯离子为保持电中性就要向缝内扩散。在较低和中等氯离子浓度（0.0006mol/L 和 0.0600mol/L）的本体溶液中，由于金属溶解的控制因素是氧的去极化电化学反应，在缝外本体溶液中溶解氧较为充分的条件下，缝内溶解的阳离子 Fe^{2+} 数量也较为接近，因而缝内需要的氯离子浓度也较为接近。但在较高的氯离子浓度（如0.6000mol/L）本体溶液中，由于缝内溶液中的氯离子含量本来就较高，因而缝内的酸化倾向增加，阳极溶解的 Fe^{2+} 浓度也就越高，因而需要更多的氯离子扩散到缝内与之达到电中性。

缝内自然腐蚀电位 E 随时间的变化情况如图 10-3 所示。当大溶池中分别存

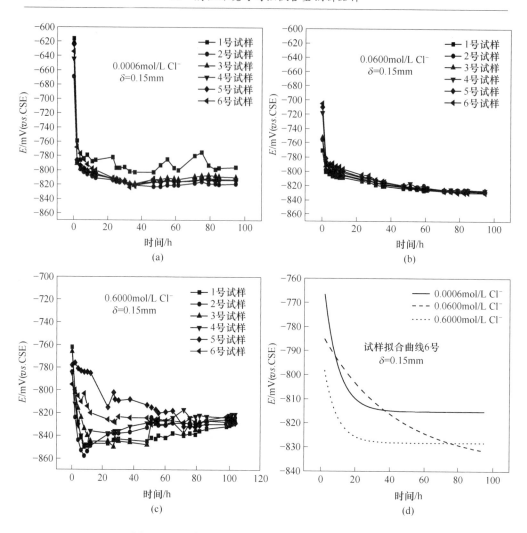

图 10-3   缝内不同距离处电极电位 E 随时间的变化

（a）本体溶液 Cl^- 浓度 0.0006mol/L；（b）本体溶液 Cl^- 浓度 0.0600mol/L；

（c）本体溶液 Cl^- 浓度 0.6000mol/L；（d）缝底试样电位随时间变化拟合曲线

在三种氯离子浓度（0.0006mol/L、0.0600mol/L 和 0.6000mol/L）的本体溶液时，对于某一种氯离子含量的本体溶液，随着距缝口距离的增加，缝隙中的电极电位 E 逐渐降低，溶池本体溶液中氯离子含量较低（0.0006mol/L、0.0600mol/L）时，E 降低较明显，各试样（距缝口距离）的变化较有规律性；氯离子含量较高时（0.6000mol/L），各试样降低的过程规律性较差，最终也将趋于一致，E 值都在 $-830 \sim -810$mV 上下范围波动。电位随缝口距离的增加表现为降低的趋势说明，缝隙内部金属缝隙腐蚀的趋势在加强。拟合得到缝底试样电位和时间关系的变化规律如下：

$$E = -815 + 62\exp(-t/8.13)(\text{本体溶液 } 0.0006\text{mol/L Cl}^-) \quad (10\text{-}3)$$

$$E = -836 + 54\exp(-t/41.01)(\text{本体溶液 } 0.0600\text{mol/L Cl}^-) \quad (10\text{-}4)$$

$$E = -828 + 38\exp(-t/8.00)(\text{本体溶液 } 0.6000\text{mol/L Cl}^-) \quad (10\text{-}5)$$

本体溶液浓度为 0.0600mol/L Cl⁻ 时，电位下降的较为明显。这可能与在较高和较低的氯离子浓度时，金属易于达到电化学平衡有关。

图 10-4 所示是三种氯离子浓度本体溶液对 X70 钢缝隙腐蚀进行 120h 测定的 E、氯离子浓度和 pH 值在缝内的分布曲线。从图 10-4（a）可以发现，随着溶池中本体溶液氯离子浓度的增加，缝内的 E 先降低后增加，但增加的幅度较小；从图 10-4（c）可以发现，缝内的氯离子浓度是随着本体溶液中氯离子含量的增加而增加，本体溶液中两种较低氯离子含量（0.0006mol/L、0.0600mol/L）的情况，缝内氯离子浓度都在同样较低的水平上。

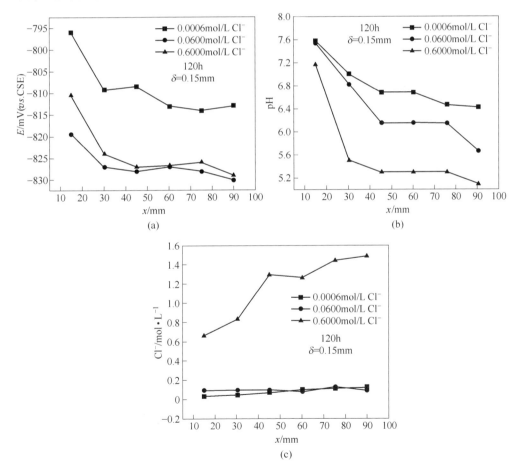

图 10-4 三种浓度本体溶液时缝内电极电位 E、pH 值和 Cl⁻ 的分布曲线

（a）E-x 曲线；（b）pH-x 曲线；（c）Cl⁻-x 曲线

图 10-5 所示是三种浓度本体溶液时缝内 E、pH 值和 Cl⁻ 的分布拟合曲线，拟合后三电化学参数与距缝口的距离 x 的变化规律都呈指数的变化规律：

$$E = -813 + 52\exp(-x/13.13)\ (本体溶液\ 0.0006\mathrm{mol/L\ Cl^-}) \qquad (10\text{-}6)$$

$$E = -828 + 54\exp(-x/8.36)\ (本体溶液\ 0.0600\mathrm{mol/L\ Cl^-}) \qquad (10\text{-}7)$$

$$E = -827 + 86\exp(-x/9.22)\ (本体溶液\ 0.6000\mathrm{mol/L\ Cl^-}) \qquad (10\text{-}8)$$

$$\mathrm{Cl^-} = 0.0064 - 0.1427\exp(-x/170.2428)\ (本体溶液\ 0.0006\mathrm{mol/L\ Cl^-})$$
$$(10\text{-}9)$$

$$\mathrm{Cl^-} = 0.0915 - 0.0109\exp(-x/127.8919)\ (本体溶液\ 0.0600\mathrm{mol/L\ Cl^-})$$
$$(10\text{-}10)$$

$$\mathrm{Cl^-} = 0.1978 - 0.7442\exp(-x/43.6426)\ (本体溶液\ 0.6000\mathrm{mol/L\ Cl^-})$$
$$(10\text{-}11)$$

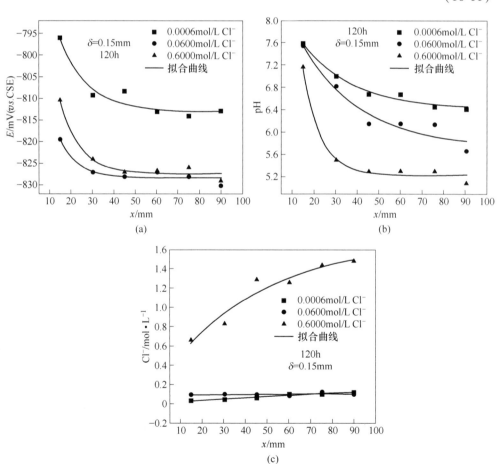

图 10-5　三种 Cl⁻ 浓度本体溶液时缝内 E、pH 值和 Cl⁻ 的分布拟合曲线

（a）E-x 拟合曲线；（b）pH-x 拟合曲线；（c）Cl⁻-x 拟合曲线

$$pH = 6.40 + 2.20\exp(-x/23.74)（本体溶液 0.0006mol/L\ Cl^-）\quad（10-12）$$

$$pH = 5.72 + 3.14\exp(-x/27.36)（本体溶液 0.0600mol/L\ Cl^-）\quad（10-13）$$

$$pH = 5.23 + 12.60\exp(-x/8.00)（本体溶液 0.6000mol/L\ Cl^-）\quad（10-14）$$

从图 10-4（c）可以发现，120h 实验结束时，在本体溶液的氯离子浓度为 0.6000mol/L Cl⁻ 时缝内呈现较低的 pH 值，在 5.30~5.10 之间；当本体溶液的氯离子浓度为 0.0006mol/L、0.0600mol/L Cl⁻ 时，缝内呈现出较高的 pH 值，且数值相当，在 6.40~5.70 之间。从上述分析得出结论：随着本体溶液中的氯离子浓度的增加，缝内的 E 降低，氯离子浓度提高，pH 值降低，缝内的缝隙腐蚀程度将增大。

10.3.2 均匀腐蚀产物层下的腐蚀微环境变化

通过 E690 钢海洋干湿交替环境下的腐蚀敏感性研究，得到海洋全浸区和海洋薄液环境下腐蚀产物下环境。图 10-6 所示为模拟海洋全浸区和海洋薄液环境下 E690 钢 2880h 后的腐蚀产物层形貌图。由图可以看出，E690 钢在模拟海水环境中 2880h 后腐蚀产物层非常疏松，厚度较薄，只有 0.049mm，没有明显的分层现象；在模拟海洋薄液环境中 2880h 后，试样表面的腐蚀产物较为致密，厚度较大，达到了 1.220mm，有明显的分层现象发生，腐蚀产物内层更为致密。说明在海洋薄液环境下材料的腐蚀更为严重，更有利于腐蚀产物的生成和沉积。致密的腐蚀产物层下有利于局部阳极溶解、点蚀和析氢作用的发生，促进 SCC 的发生，海水全浸环境下难以形成致密的腐蚀产物层，基体以均匀腐蚀为主，SCC 敏感性相对较低。这是海洋薄液环境下 SCC 敏感性高于海水全浸环境下的原因之一。

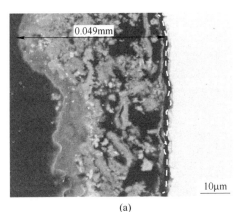
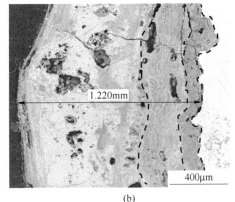

图 10-6　不同环境 E690 钢 2880h 后腐蚀产物层形貌

（a）模拟海水；（b）模拟海洋薄液

　　图 10-7 所示为模拟海洋全浸区和海洋薄液环境下 2880h 后 E690 钢腐蚀产物层 EDS 分析。由图可知，模拟海水和海洋薄液环境下腐蚀产物以铁的氧化物为主，模拟海水环境中试样表面没有 Cl⁻ 的富集现象的发生。只有在锈层表面有 NaCl 的富集现象发生，Cr 在锈层中的沉积现象也不明显，没有形成连续稳定的含 Cr 的腐蚀产物层。在模拟海洋薄液环境下试样的腐蚀产物层较为致密，在腐蚀产物的内层 Cl⁻ 富集现象逐渐明显，大量的 Cl⁻ 富集在基体表面，在较为致密

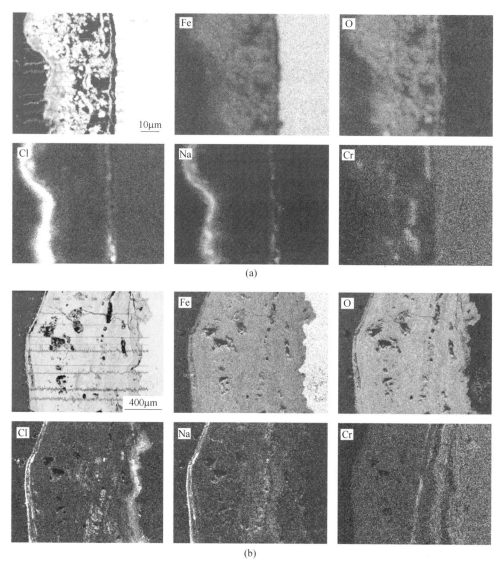

图 10-7　不同环境 E690 钢腐蚀产物层 EDS 分析
（a）模拟海水；（b）模拟海洋薄液

的中层的腐蚀产物中观察到了 Cr 的沉积现象。这说明在海洋薄液环境下，Cl^- 易穿过表层及中层的腐蚀产物层，到达基体表面，形成浓聚；Cr 在中层腐蚀产物中富集，促进了锈层的致密化，有利于降低基体整体的阳极溶解作用，阻碍均匀腐蚀的发生。在海洋环境下，不能形成较为致密的腐蚀产物层，使材料以均匀腐蚀为主。

海洋薄液环境下，由于其薄液的几何结构，氧浓度能长期维持在较高水平，腐蚀相对严重，薄液环境有利于腐蚀性离子（Cl^-）、促进锈层致密化的 Cr 和腐蚀产物的沉积，锈层不断致密化，减缓了金属表面整体阳极溶解作用，使均匀腐蚀受到抑制；金属表面 Cl^- 浓聚，有利于点蚀坑的形成。点蚀坑会导致内部应力集中，在应力的作用下，加快材料的局部阳极溶解，使腐蚀坑内部酸化，造成局部 H 离子浓度升高，点蚀坑内相对于其他部位成为小的阴极，致使阴极析氢电流密度增大，促进氢向金属中的渗透。氢可以聚集在缺陷较多的部位，在应力的作用下产生局部微裂纹。Cl^- 富集和析氢作用会进一步导致局部阳极溶解作用的发生，促进裂纹的扩展。在海水环境下试样表面的氧浓度难以一直维持在较高水平，阳极溶解过程相对较弱，难以形成较多的腐蚀产物。海水环境中溶液的流动性较强并具有一定的溶解作用，使得 Cl^-、Cr 和腐蚀产物难以在试样表面富集，难以形成局部腐蚀，试样以均匀腐蚀为主，SCC 敏感性相对较低。以上分析表明，E690 钢在海洋薄液环境下的 SCC 敏感性高于海水环境下，SCC 机理为阳极溶解为主，氢脆为辅的混合控制机制，主要原因是腐蚀产物膜下微环境不同造成的。

10.3.3 局部腐蚀类型的腐蚀微环境变化

首先，分析点蚀的腐蚀微环境。目前比较公认的是蚀孔内发生酸化自催化过程。如图 10-8 所示，蚀孔一旦形成，孔内金属处于活性状态（电位较负）成为阳极，孔外电位较正而成为阴极。于是蚀孔内外构成了微电偶腐蚀电池。蚀孔内铁溶解形成 Fe^{2+}，反应形成的氢氧化铁沉积在孔口。随着腐蚀的进行，蚀孔外 pH 值逐渐升高，水中可溶性盐如 $Ca(HCO_3)_2$ 将转为 $CaCO_3$ 沉淀，结果锈层与垢层一块在蚀坑口堆积逐渐形成一个闭塞电池，阻碍了孔内外离子的迁移。闭塞电池形成之后溶解氧更不易扩散进入孔内，在孔内外构成氧浓差电池。在蚀孔内溶解下来的金属离子不易向外扩散，造成 Fe^{2+} 等阳离子浓度不断增加，为保持电中性，孔外 Cl^- 离子向孔内迁移，造成孔内 Cl^- 离子浓度增高（如 1Cr18Ni12Mo2Ti 不锈钢蚀孔内 Cl^- 浓度可达 $6 \sim 12mol/L$，高出孔外溶液一个数量级以上）。孔内氯化物浓缩，水解使孔内 pH 值逐渐下降，孔内高酸性和高 Cl^- 浓度的环境促进孔内金属的腐蚀，随之又引起更多的 Cl^- 迁入，孔内溶液更加酸化。如此循环往复，形成了一个闭塞电池自催化过程。由此可见，点蚀的发展是化学和电化学共同作用的结果。

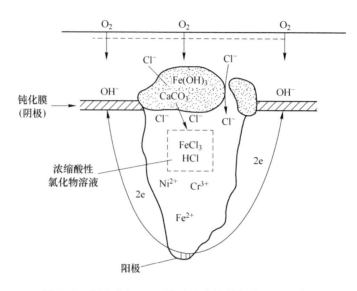

图 10-8   钢在充气 NaCl 溶液中点蚀的闭塞电池示意图

　　一般认为，钢发生点蚀时，蚀孔内的溶液存在着一个临界状态，如临界 pH 值、临界 Cl^- 浓度或者临界盐浓度等。当达到临界值后，蚀孔才能够快速长大。例如，采用闭塞电池研究 18-8 不锈钢点蚀发展过程中 pH 值和 Cl^- 离子浓度的变化，发现当 pH 值低于 1.3，Cl^- 离子超过 1.5mol/L 后，腐蚀速率急剧升高。研究结果表明，低碳钢在闭塞区内的腐蚀不存在临界 pH 值和临界 Cl^- 浓度，腐蚀速率的对数与 pH 值呈线性关系，如图 10-9 所示。

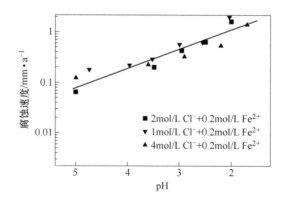

图 10-9   低碳钢在点蚀闭塞区内的腐蚀速率的对数与 pH 值呈线性关系

　　其次，应力腐蚀裂纹和腐蚀疲劳裂纹尖端同样引起酸化。图 10-10 所示为 E690 钢在模拟海水中裂纹扩展过程中距离裂纹尖端不同距离的 pH 值的变化曲线图，该结果是由植入试样的原位 pH 值测试电极测得。从图中可以看出，在裂纹尖端附近，溶液的 pH 值在 4.0 左右，相对于 pH 值为 8.2 的模拟海水，发生了明显的酸化。在距离裂尖的距离超过 0.4mm 以后，裂纹内部的 pH 值随着距离裂纹尖端的距离得到增加而变大。在距离裂纹尖端的距离为 0.9mm 左右，裂纹内部的 pH 值为 5.5 左右，其后 pH 值变化相对较慢。裂尖局部溶液的酸化可以促进裂尖的进一步生长。

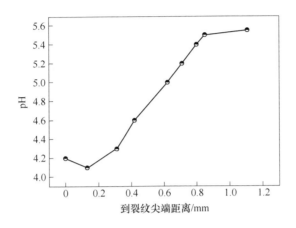

图 10-10　E690 钢在模拟海水中裂纹扩展裂纹尖端 pH 值变化

10.4　耐蚀低合金钢新品种展望

低合金结构钢品种一般按照用途分类，如海洋用钢、管线钢、建筑用钢和桥梁钢等，海洋用钢又可以分为海洋平台、船舶、海洋风力发电、海底油气开采与储运、跨海大桥、岛礁基础设施建设、海水淡化和特种船舶等；按照钢种分类时一般按照成分与强度级别分类；按照规格品种可以分为热轧中厚板、热轧卷板、型钢、钢管、钢筋和钢构件等。目前，尚未使用耐蚀性对低合金结构钢品种进行分类，这正是低合金结构钢新品种开发需要大力加强的方向之一。

目前低合金结构钢生产工艺中，经常采用的耐蚀性能调控的方法是基于宏观腐蚀等级划分的耐蚀低合金结构钢成分设计与组织调控。例如，耐候钢的开发环境依据就是表 1-1 所示的等级，对耐候钢进行户外实地暴晒试验和对等的实验室加速腐蚀试验，以此评价耐候钢的腐蚀等级，进行成分、组织和表面状态调控。而按照这种流程研发的耐候钢的使用环境与暴晒地点的环境条件往往大相径庭，甚至完全没有关联，这种腐蚀试验方法可能导致耐候钢的快速失效，甚至让使用者对其丧失信心。所以，这种传统的以宏观腐蚀等级划分的耐蚀低合金结构钢成分设计与组织调控技术亟待完善。

目前，尚无考虑 ISO 12944-2—2017 中所述局部环境和微型环境的耐蚀低合金结构钢成分设计与组织调控技术，也没有考虑腐蚀进程中的微环境的耐蚀低合金结构钢成分设计与组织调控技术。发展这些技术，将明显改善低合金结构钢的耐蚀性能。

如前节所述，低合金结构钢腐蚀进程中的微环境是指腐蚀进程中新鲜金属基体表面所面临的微环境，包括涂层下的腐蚀微环境、腐蚀产物下的微环境和局部腐蚀（点蚀孔内、裂纹尖端）微环境。这种动态的微环境与腐蚀进程密切关联，深入研究腐蚀进程中的这些微环境的特点与变化，尤其是探明低合金结构钢的成分、组织在腐蚀进程中与这些微环境之间的关系，是发展高品质长寿命低合金结构钢的关键。以此为基础，发展基于腐蚀进程中的微环境调控理论基础上的耐均匀腐蚀低合金结构钢（即免涂低合金结构钢）、耐电偶腐蚀低合金结构钢、耐点蚀低合金结构钢、耐缝隙腐蚀低合金结构钢、耐晶间腐蚀低合金结构钢、耐应力腐蚀或腐蚀疲劳低合金结构钢和耐微生物腐蚀低合金结构钢等新品种，是耐蚀低合金结构钢的重要发展方向，将会进一步提升低合金结构钢的耐蚀性，进而提高其综合性能，实现以耐蚀性全面提升以及与其他性能良好配合的低合金结构钢的升级换代。

10.5　小结

近年来，通过纯净化和细晶化理论的推动和相关冶炼、轧制和热处理技术的建立，低合金结构钢的强韧性、焊接性及综合性能有了明显的提升，实现了低合金结构钢的升级换代。但是，由于在纯净化和细晶化理论研究及技术提升的进程中，对耐蚀性能研究的缺乏，导致目前我国低合金结构钢耐蚀性能的低下和耐蚀性调控理论的缺乏。

传统的以宏观腐蚀等级划分的耐蚀低合金结构钢成分设计与组织调控技术亟待完善；应该建立考虑 ISO 12944-2—2017 中所述局部环境和微型环境概念的耐蚀低合金结构钢成分设计与组织调控技术；大力发展基于腐蚀进程中微环境动态变化的耐蚀低合金结构钢成分设计与组织调控技术研究，这将明显提升低合金结构钢的耐蚀性能；尽快实现以耐蚀性对低合金结构钢品种进行分级分类，即在纯净化和细晶化理论与技术基础上，促进免涂低合金结构钢（即耐均匀腐蚀低合金结构钢）、耐电偶腐蚀低合金结构钢、耐点蚀低合金结构钢、耐缝隙腐蚀低合金结构钢、耐晶间腐蚀低合金结构钢、耐应力腐蚀或腐蚀疲劳低合金结构钢和耐微生物腐蚀低合金结构钢等新品种的诞生，实现低合金结构钢的再次升级换代。

将以上研究工作与 GB/T 1591—2018 低合金高强度结构钢有关品种规定相结合，制定在 GB/T 1591—2018 基础上的低合金高强度结构钢的耐蚀性技术要求条件，在此基础上，建立耐蚀低合金结构钢牌号的国家标准，这将促进我国高品质耐蚀低合金结构钢的产业化与大发展。

腐蚀大数据及应用案例

按照传统的腐蚀数据获得方式，在青岛、万宁和琼海投试材料，0.5年、1年和2年取得腐蚀数据。使用拟合的方法进行分析，绘得图3-10（a）。"腐蚀大数据"是以秒为单位获得的多种类型大通量腐蚀过程的数据，如图3-10（b）所示。

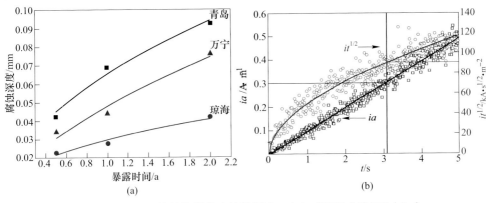

图3-10　传统片段化腐蚀数据（a）与"腐蚀大数据"（b）

将探测器（图3-11（a））放置在被测区域，所测信号（图3-11（b））经过放大、标定和无线传输后直接进入数据库平台。入库后，数据需要经过机器学习、降维处理、建立模型和用于仿真计算，最后实现共享。因此，"腐蚀大数据"技术流程主要包括获得腐蚀数据、建库、建模、仿真与共享技术。

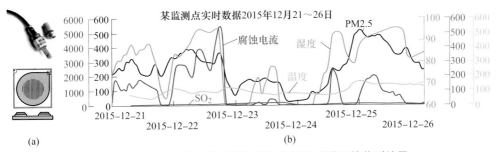

图3-11　温湿度传感器和腐蚀电流传感器及其监测结果

以在沿海大气环境下新建大桥的选材评价为例，为时2个月的材料腐蚀监测结果（腐蚀电量积分值）如图3-13所示。

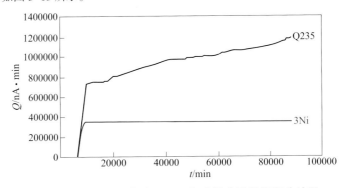

图3-13　3Ni钢和Q235钢腐蚀电流数据积分结果

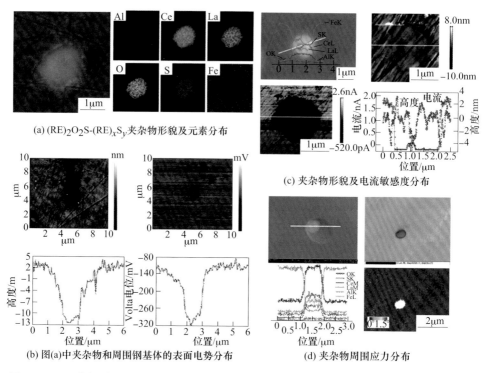

(a) (RE)$_2$O$_2$S-(RE)$_x$S$_y$夹杂物形貌及元素分布

(b) 图(a)中夹杂物和周围钢基体的表面电势分布

(c) 夹杂物形貌及电流敏感度分布

(d) 夹杂物周围应力分布

图 4-10   不含铝的 (RE)$_2$O$_2$S-(RE)$_x$S$_y$ 的夹杂物形貌与表面电势差异及电流敏感度信息

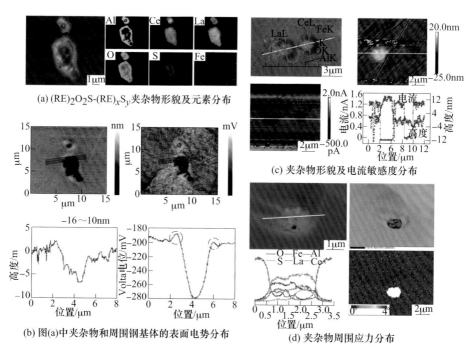

(a) (RE)$_2$O$_2$S-(RE)$_x$S$_y$夹杂物形貌及元素分布

(b) 图(a)中夹杂物和周围钢基体的表面电势分布

(c) 夹杂物形貌及电流敏感度分布

(d) 夹杂物周围应力分布

图 4-11   含铝的 (RE)$_2$O$_2$S-(RE)$_x$S$_y$ 的夹杂物形貌与表面电势差异及电流敏感度信息

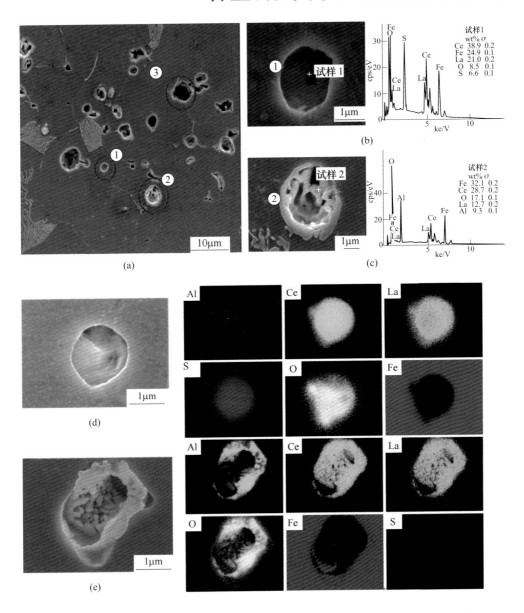

图 4-13　稀土改性钢在西沙海洋大气模拟腐蚀液浸泡 5min 后存在的两类点蚀坑分析

（a）～（c）试样表面的两类点蚀坑形貌及元素分布；（d）(RE)$_2$O$_2$S-(RE)$_x$S$_y$ 腐蚀形貌及

元素分布；（e）(RE)AlO$_3$-(RE)$_2$O$_2$S-(RE)$_x$S$_y$ 腐蚀形貌及元素分布

　　在西沙海洋大气模拟腐蚀液中经过 5min 浸泡试验后，发现在试样表面存在两种类型的点蚀坑。由图 4-13(a)～(c) 可以看出，试样表面出现了两种不同的腐蚀形貌的点蚀坑。图 4-13(b) 为底部和边缘比较光滑的点蚀坑，其成分为 (RE)$_2$O$_2$S-(RE)$_x$S$_y$，另外一种是底部和边缘部为珊瑚状的粗糙边缘，EDS 结果表明其为 (RE)AlO$_3$，证明复合夹杂物 (RE)AlO$_3$-(RE)$_2$O$_2$S-(RE)$_x$S$_y$ 中 (RE)$_2$O$_2$S-(RE)$_x$S$_y$ 部分已经发生了完全溶解。图 4-13(d) 和图 4-13(e) 分别为两类点蚀坑的元素分布图。

低合金钢腐蚀起源的微区电化学特性

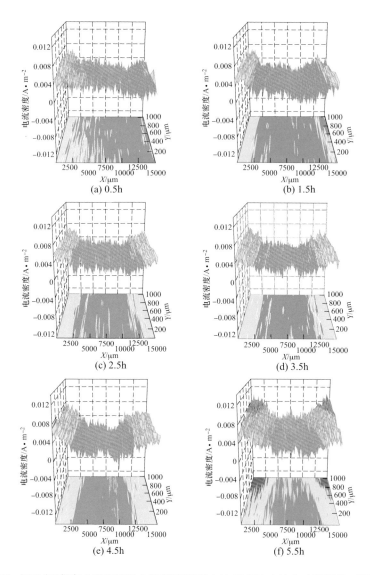

图 5-13　X80 钢渗碳试样在酸性土壤模拟溶液中的 SVET 电流密度随浸泡时间的变化

图 5-13 为 X80 钢渗碳试样在酸性土壤模拟溶液中的 SVET 面扫描图像。为了消除 SVET 测量的边缘效应，测试从共析层开始。从图中可以看出，浸泡开始 0.5 h 时左侧渗碳层出现 SVET 电流峰值，其余区域电流密度相差不大。随着浸泡时间的延长，左侧渗碳层和中心铁素体基体的电流密度基本不变，浸泡 1.5 h 时右侧渗碳层的电流密度开始增大，到浸泡 3.5 h 时基本与左侧渗碳层的电流密度相等，X80 钢渗碳试样两侧渗碳层的 SVET 电流密度均高于中心铁素体基体组织。之后两侧渗碳层和中心铁素体基体的电流密度均随着浸泡时间的延长而增大。根据渗碳试样的 SKP 测试结果发现，左侧渗碳层与铁素体基体之间的 Volta 电位差大于右侧渗碳层与铁素体基体之间的 Volta 电位差，从而使左侧渗碳层与铁素体基体之间的电流密度差异优先显现出来。随着浸泡时间的推移，左侧渗碳层表面由于较高的腐蚀速率形成腐蚀产物导致其与铁素体基体间电位差的减小，左右两侧的差异消失，右侧渗碳层与铁素体基体之间的腐蚀电流密度差异逐渐显现出来。

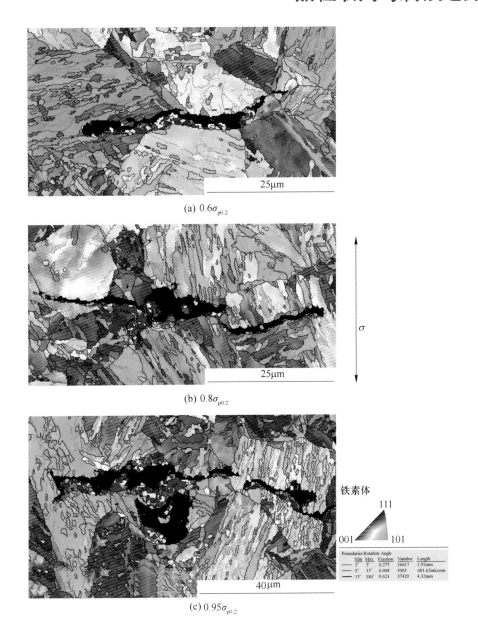

(a) $0.6\sigma_{p0.2}$

(b) $0.8\sigma_{p0.2}$

(c) $0.95\sigma_{p0.2}$

图 5-15　不同交变应力水平下 E690 钢在模拟海水中疲劳断口侧面
二次裂纹的 EBSD 反转极图

　　对不同交变应力水平下的细小裂纹进行了 EBSD 表征，如图 5-15 所示。从图中可见，当峰值应力为 $0.6\sigma_{p0.2}$ 时，裂纹在晶界处萌生，向左沿着贝氏体板条界扩展，向右沿着原奥氏体晶界处扩展；当峰值应力为 $0.8\sigma_{p0.2}$ 时，裂纹在蚀坑处萌生，且蚀坑处于原奥氏体晶界处，裂纹先沿着许多小粒状铁素体晶界处扩展后又穿过一较大粒状铁素体扩展，裂纹另一端先向下沿贝氏体板条界扩展后又向右沿原奥氏体晶界扩展；当峰值应力为 $0.95\sigma_{p0.2}$ 时，裂纹同样在原奥氏体晶界处的点蚀坑萌生，扩展模式均为撕裂贝氏体板条的穿晶扩展。

晶粒取向与腐蚀起源

图 5-20　E690 钢显微组织的 EBSD 表征

（a）反转极图；　（b）Kenel 平均错位度图

　　图 5-20 为 E690 钢显微组织的 EBSD 表征。从图 5-20（a）可见，E690 钢组织为原奥氏体晶界内贝氏体板条按照一定方向并行排列，晶界内的贝氏体板条的晶面取向差较小。因此，一个原奥氏体晶内的贝氏体板条常通过小角度晶界相连接，而不同原奥氏体晶粒则通过大角度晶界相邻。众所周知，大角度晶界的晶界能高于小角度晶界的晶界能，更易于腐蚀的萌生与扩展。从图 5-20（b）也可发现这一点，平均错位度图反映了微观残余应变或局部塑性形变的分布。因此，从图 5-20（b）可见，E690 钢的微观残余应变或局部塑性形变主要分布于原奥氏体晶界（黑色线标示），还有少部分分布于贝氏体板条界（红色和黄色线标示）。

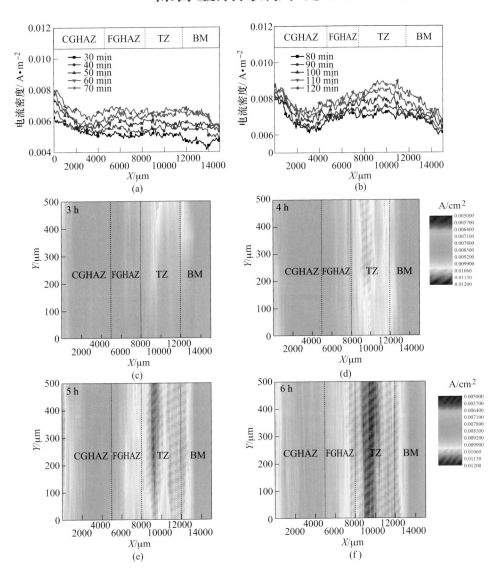

图 9-9　焊接热模拟组织在酸性土壤模拟溶液中的 SVET 电流密度随浸泡时间的变化

　　图 9-9 为图 9-1 中 X80 钢焊接热模拟组织测试区域在酸性土壤模拟溶液中的 SVET 面扫描图像。左侧边缘为加热中心，从左向右依次为粗晶区、细晶区、过渡区和母材。从图中可以看出，浸泡开始时，加热中心的电流密度最高，从加热中心开始，随着原始奥氏体晶粒尺寸的减小，电流密度逐渐降低，细晶区和过渡区的电流密度基本相等，母材的电流密度最低。随着浸泡时间的推移，各个区域的电流密度均升高，过渡区升高的幅度最大。到浸泡 80 min 时，过渡区的电流密度开始大于其两侧的细晶区和母材。浸泡 120 min 时，过渡区的电流密度升高到基本与加热中心相等。整个试样分别在加热中心和过渡区出现两个电流密度峰值。浸泡时间继续延长，粗晶区、细晶区和过渡区的电流密度均升高。过渡区的电流密度升高得最快，到浸泡 4 h 时开始高于加热中心，整个过渡区成为电流密度峰值区，并且随着浸泡时间的延长逐渐向其周围区域扩展。加热中心的电流密度升高速度比较缓慢，虽然始终高于粗晶区其他部位，但是与其他区域的差距越来越小。

低合金结构钢腐蚀进程中的腐蚀微环境变化

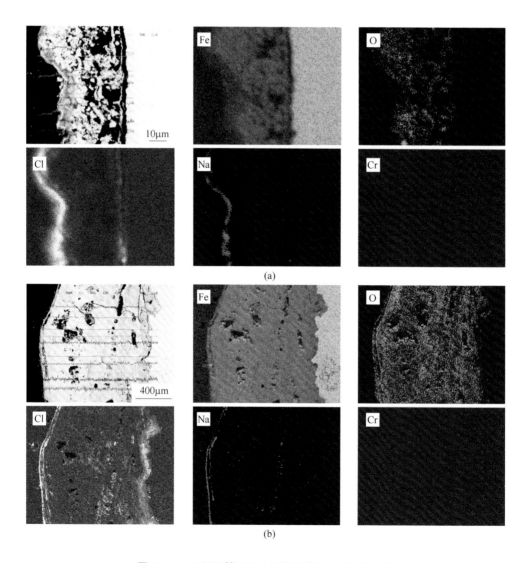

图 10-7　不同环境 E690 钢腐蚀产物层 EDS 分析

（a）模拟海水；　（b）模拟海洋薄液

　　图 10-7 所示为模拟海洋全浸区和海洋薄液环境下 2880h 后 E690 钢腐蚀产物层 EDS 分析。由图可知，模拟海水和海洋薄液环境下腐蚀产物以铁的氧化物为主，模拟海水环境中试样表面没有 Cl⁻的富集现象的发生。只有在锈层表面有 NaCl 的富集现象发生，Cr 在锈层中的沉积现象也不明显，没有形成连续稳定的含 Cr 的腐蚀产物层。在模拟海洋薄液环境下试样的腐蚀产物层较为致密，在腐蚀产物的内层 Cl⁻富集现象逐渐明显，大量的 Cl⁻富集在基体表面，并且在较为致密的中层的腐蚀产物中观察到了 Cr 的沉积现象。这说明在海洋薄液环境下，Cl⁻易穿过表层及中层的腐蚀产物层，到达基体表面，并形成浓聚；而 Cr 在中层腐蚀产物中富集，促进了锈层的致密化，有利于降低基体整体的阳极溶解作用，阻碍均匀腐蚀的发生。而在海洋环境下，不能形成较为致密的腐蚀产物层，使材料以均匀腐蚀为主。